红壤丘陵区雨水径流资源水土保持调控

谢颂华　莫明浩　涂安国　等　著

科学出版社

北京

内 容 简 介

　　本书从江西红壤丘陵区降雨、入渗、土壤水等方面，系统开展果园、坡耕地、林地三种主要土地类型的降雨径流分配规律的研究，提出基于降雨径流特征期、水土流失关键期、作物需水主要矛盾期的雨水径流调控理论。研发就地截流促渗、汇流蓄存、集蓄灌溉等单项关键调控技术，集成坡耕地、果园和林地雨水径流资源水土保持调控技术体系。以小流域为单元，构建山顶戴帽、山腰果园、山脚耕地和山下沟道的江西红壤丘陵区雨水径流水土保持调控技术模式。

　　本书可供水土保持、环境、生态、水利、地理、资源等领域的管理者、科技工作者以及高等院校相关专业的师生参考阅读。

图书在版编目（CIP）数据

红壤丘陵区雨水径流资源水土保持调控 / 谢颂华等著. -- 北京：科学出版社，2024. 11. -- ISBN 978-7-03-079827-5

Ⅰ. P333.1；S157

中国国家版本馆 CIP 数据核字第 2024VH5241 号

责任编辑：谢婉蓉　郭允允 / 责任校对：郝甜甜
责任印制：徐晓晨 / 封面设计：无极书装

科 学 出 版 社 出版
北京东黄城根北街 16 号
邮政编码：100717
http://www.sciencep.com

北京九州迅驰传媒文化有限公司印刷
科学出版社发行　　各地新华书店经销
*
2024 年 11 月第 一 版　　开本：787×1092 1/16
2025 年 2 月第二次印刷　　印张：10 3/4
字数：252 000
定价：**128.00** 元
（如有印装质量问题，我社负责调换）

作者名单

谢颂华　莫明浩　涂安国　宋月君

黄荣珍　李洪任　王辉文　张利超

曾建玲　朱丽琴　袁　芳　张　磊

郑海金　陈晓安　胡　皓　张　杰

沈发兴　王　嘉　王凌云　胡　松

严志伟　钱　堃　龚长春　肖　磊

前　言

南方红壤区位于淮河以南，巫山—武陵山—云贵高原以东广大山地丘陵地区，在我国农业和经济的持续发展中发挥着重要的作用。受区域独特的山地丘陵地貌和季风性湿润气候影响，以及长期不合理的坡地开发利用，南方红壤区水土流失较为严重。由于降雨时空分布不均，近年来极端天气频发，季节性的旱涝灾害愈加频繁，加上对坡地资源的不合理开发，极不利于当地坡地农业及果业的高产、稳产，直接影响区域的粮食安全及人居安全。相关研究成果表明，水土保持措施能够有效涵养水源，增加土壤水库库容，提升雨水径流资源的利用率，有效阻控坡面水土流失，进而提高土壤抗旱保墒能力，促进当地农业稳产、高产。因此，进行红壤坡地雨水径流资源水土保持调控技术研究十分必要。

保障水资源供给量，维护和巩固该地区的粮食生产基地及名优特产品生产基地的地位，进一步优化坡地降雨、地表径流以及土壤水的雨水径流资源配置，提高水资源利用率，对于践行"节水优先、空间均衡、系统治理、两手发力"新时期治水思路具有重要意义。本书以江西红壤丘陵区为例，从研究红壤丘陵区降雨特征和坡地水土流失特征入手，着重研究坡耕地、果园和林地雨水径流资源水土保持调控理论技术，从而降低降雨时空不均对坡地农业生产的负面影响，提高抗灾减灾能力，解除旱涝急转情况给工农业生产和人民正常生活带来的威胁。研究成果可在探索水土流失规律机理等方面为赣州市建设全国水土保持高质量先行区提供支撑，为红壤丘陵区生态文明建设提供重要的科学依据和技术手段。

本书由国家重点研发计划项目课题"红壤丘陵旱坡地农业水土资源调控关键技术"（编号：2018YFC0407602）、国家自然科学基金项目"红壤坡地水沙分配及其与氮磷的伴生迁移特征"（编号：41461060）、水利部公益性行业科研专项经费项目"红壤坡地雨洪资源利用水土保持技术研究"（编号：201401051）、国家自然科学基金项目"红壤坡耕地土体构型对氮素输移过程的影响及作用机制"（编号：42067020）等资助。

全书共 7 章，第 1 章由谢颂华、莫明浩执笔；第 2 章由涂安国、宋月君执笔；第 3 章由谢颂华、涂安国、宋月君执笔；第 4 章由宋月君、曾建玲执笔；第 5 章由涂安国、曾建玲执笔；第 6 章由黄荣珍、朱丽琴执笔；第 7 章由莫明浩、谢颂华执笔。全书由谢颂华统稿审定。参与编写的研究人员还有李洪任、王辉文、张利超、袁芳、张磊、郑海金、陈晓安、胡皓、张杰、沈发兴、王嘉、王凌云、胡松、严志伟、钱堃、龚长春、肖磊等。

本书的完成是江西省水利科学院、流域水土保持江西省重点实验室（原江西省土壤侵蚀与防治重点实验室)、南昌工程学院、江西农业大学合作多年的结果。在研究期间作者得到了江西省水利厅、赣州市水土保持中心、宁都县水利局、赣州市赣县区水土保持中心、泰和县水利局、都昌县水利局等水利水保部门的大力支持,以及课题组全体研究人员的密切配合,在此对他们的辛勤劳动表示诚挚的感谢。

限于作者水平,加之时间仓促,书中难免存在欠妥之处,恳请读者批评指正。

作　者

2024 年 6 月

目　录

第1章 绪 论

水是生命之源，是人类赖以生存的必要条件之一，但全球水资源情况却不容乐观。联合国发布的《2018年世界水资源开发报告》（以下简称《报告》）显示，由于人口增长、经济发展和消费方式转变等因素，全球水资源的需求正在以每年1%的速度增长，而这一速度在未来20年还将大幅加快。《报告》还指出，未来数十年，水质还将进一步恶化，对人类健康、环境和可持续发展的威胁将只增不减。在水资源短缺和需求增长的情势下，如何有效利用水资源成为亟待解决的技术问题，尤其在山地丘陵区受其地形地貌的影响，雨水径流资源更需要进行有效调控。

我国红壤丘陵区位于淮河以南，巫山—武陵山—云贵高原以东广大山地丘陵地区，在我国农业和经济的可持续发展中发挥着重要的作用。江西省位于红壤丘陵区的中心区域，土地面积16.69万km²，江西省的红壤坡地在南方红壤区具有典型性和代表性。坡耕地和果园在江西省农业生产中发挥着重要作用。但是，由于江西省降雨时空分布不均，近年来极端天气频发，季节性的旱涝灾害愈加频繁，特别在旱季可能处于果树和作物的生长期，季节性干旱问题对红壤丘陵区影响较大。

受区域独特的山地丘陵地貌和季风性湿润气候影响，以及长期不合理的坡地开发利用，南方红壤水土流失较为严重。"中国水土流失与生态安全综合科学考察"项目中，南方红壤区八省（江西、浙江、福建、湖南、广东、海南、安徽和湖北）共有水土流失面积13.12万km²，占土地总面积的15.1%，轻度和中度侵蚀面积占南方红壤区总水土流失面积的83.54%，而强度以上水土流失面积占总流失面积的16.5%（水利部等，2010），其中赣南、湘西、湘赣、闽粤东部等的山地丘陵区水土流失相对更为严重。

在坡地资源开发中，过量地施用化肥和农药，在水土流失驱动力的作用下，氮、磷等养分流失，极易产生严重的面源污染，直接影响区域的粮食安全、果业稳产以及人居环境安全。相关研究成果表明，水土保持措施能够有效涵养水源，增加土壤水库库容，提升雨水径流资源的利用率，有效阻控坡面水土流失，进而提高土壤抗旱保墒能力，促进当地农业稳产、高产。经过多年的研究和小流域治理实践，单项水土保持措施技术体系已经成熟，但是基于径流调控理论的水土保持技术综合防治体系的组装与形式的难题一直未能得到深入研究，一是治理措施的集成和优化配置缺乏科学的理论依据，不少是凭规划设计人员的经验布置；二是虽然单项措施效益很好，但由于集成配置不合理，单项措施在整体功能中的相辅相成作用不明显，有的甚至起反作用，相互抵消，治理措施体系整体技术水平不够高，亟待进一步升华和提高。而山丘区小流域治理优劣关键取决于整体功能发挥，因此，进行红壤丘陵区雨水径流资源水土保持调控理论和技术集成组装研究则显得十分必要。

江西省水资源丰富，其水资源管理和利用是实施绿色崛起战略的前提和基础。为保障水质水量，维护和巩固该地区的粮食生产基地及名优特产品生产基地的地位，进一步优化坡地降水、地表径流以及土壤水的雨洪资源配置，提高水资源利用率，对于践行"节水优先、空间均衡、系统治理、两手发力"新时期治水思路具有重要意义。其研究意义主要体现在以下4个方面。

1. 国家环境科技创新的战略需求

《国家中长期科学和技术发展规划纲要（2006—2020年）》明确指出，水资源是经济和社会可持续发展的重要基础。我国水资源严重紧缺，综合利用率低，急需大力加强资源开发利用技术研究，提高资源利用率。本书通过探索水土保持措施对雨洪资源利用的调控，实现对水资源综合利用率的提高，为社会经济又好又快发展奠定重要的基础。调控流域雨洪资源的水土保持技术体系的构建，将丰富流域水土流失综合整治的技术和实践，提高改善水土流失的科技支撑能力。

2. 水利科技急需解决的重大科学问题

2006年，水利部《关于加强水利科技创新的若干意见的通知》（水国科〔2006〕269号）强调水利基础和应用研究要重点开展水资源合理配置与高效利用、防洪减灾、水土保持、水环境保护与水生态系统修复等领域基础研究，明确指出要在非传统水资源开发利用、水旱灾害风险管理等重大课题研究方面取得新进展。对鄱阳湖流域雨洪资源的水土保持技术研究，不仅能够为流域内坡地农业生产实践提供重要技术支撑，为解决极端气候条件下流域内的旱涝急转问题提供重要的技术支持，同时还将丰富水土保持理论与实践。

3. 实现国家水利发展目标的需要

国家明确指出要全面节约和高效利用资源。坚持节约优先，树立节约集约循环利用的资源观。本书通过对红壤丘陵区雨水径流资源水土保持调控的研究，将为解决水资源季节分布不均问题提供途径，进一步提升坡耕地和果园的抗旱保墒能力，从而提高流域内雨洪资源的利用效率，实现流域内水资源的调节与高效利用，为当地农业稳产、高产提供有效的水利支撑。

4. 江西省建设国家生态文明试验区的需要

2017年10月，中共中央办公厅、国务院办公厅印发了《国家生态文明试验区（江西）实施方案》，要求依托江西省生态优势和生态文明先行示范区良好工作基础，建设国家生态文明试验区。本书的研究不仅能为"确保鄱阳湖一湖清水下泄"提供重要的技术支撑,丰富流域水资源利用的水土保持技术和实践,同时还是农村防洪安全和生态用水的重要保障,在生态文明试验区建设中将发挥重要的技术支撑作用。

综上所述,开展红壤丘陵区雨水径流资源水土保持调控理论技术及应用的研究,不仅为红壤坡地雨洪资源的高效利用提供重要的技术支撑,进一步丰富和完善南方红壤区水土流失综合治理的技术与实践,也为江西省乃至长江经济带水土保持综合治理工作的开展提供重要的技术支撑。同时还是坡地农业、果业可持续发展的重要保障,为保证区域和国家粮食安全,实现区域可持续发展提供重要的科学依据和技术手段,在南方红壤区经济持续稳步发展进程中将发挥重要的基础支撑作用。

1.1 坡地作物需水与雨水径流资源利用

作物的需水耗水规律是雨水径流资源利用的基础,其与作物生育特性、气候条件等因素有关。在确定作物耗水规律的基础上,分析作物耕作土层的储水调蓄能力,并应用农田水量平衡的原理研究作物根系层土壤的水分动态,进而确定作物是否需要灌溉,是较科学的一种方法。王浩等(2006)提出土壤具有强大的储水和调节能力,是植被生长发育最必要的水分因素。孟春红和夏军(2004)分析了土壤的储水量,提出旱地土壤一般分为墒情活跃层、墒情缓变层和墒情基本稳定层,叙述了不同土层的水分状况及对作物生长的影响。靳孟贵等(1999)根据土壤水资源年补给量、作物生长期土壤水资源可利用量等指标进行了土壤水资源量的评价。胡庆芳等(2006)据联合国粮农组织出版的《灌溉与排水手册-56》(*FAO Irrigation and drainage paper No.56*)中提出的水分胁迫计算方法,推导出水分胁迫系数计算公式,并在山西潇河冬小麦田间水量平衡中得到应用,得出冬小麦不同生育期土壤水分临界值指导麦田灌溉管理。康绍忠(1993)研究分析了SPAC 系统(即土壤–植物–大气系统)内水分传输、能量消耗过程,提出了农田水量平衡理论、计算方法及在田间水分管理中的应用。Singh 等(1999)研究分析不同地形条件、不同土壤厚度对土壤水量平衡和作物产量的影响。张顺谦等(2012)根据四川多个农业气象站点长序列观测数据,运用农田水量平衡原理,分析了区域内主要旱地作物需水量及水分亏缺情况,为当地农田灌溉计划制定和种植结构调整提供支撑。茆智等(1995)根据河北、广西旱作物和水稻试验成果得出的作物系数、土壤水分胁迫修正系数,结合农田土壤水分变化情况,依托 Penman-Monteith 公式提出逐日作物需水量预测数学模型,用于指导农田灌溉管理。

雨水资源利用在我国自古即有,夏朝便开始推行区田法,战国末期有了高低畦种植法和塘坝,宋代出现了水窖蓄雨水。随着各国水资源短缺越来越严重和洪涝灾害越来越频繁,雨洪资源在农业和城市化进程中越来越得到人们的重视。20 世纪 60 年代日本开始收集路面雨水,70 年代修筑集流面收集雨水,并开始研究雨水回灌地下水技术,几乎与此同时，美国、苏联、突尼斯、巴基斯坦、印度、澳大利亚等国对雨水集蓄也展开了大量的研究。20 世纪 80 年代初，国际雨水收集系统协会（IRCSA）成立，国际研究的共识是：雨水利用将成为解决 21 世纪水资源紧缺的重要途径。"海绵城市"，就是我国是在适应环境变化和应对雨水带来的自然灾害等方面提出的新一代城市雨洪管理概念。

国外雨洪资源利用较多较先进的国家有美国、日本、德国、荷兰、以色列等，各国对雨洪资源的利用有不同的方式和目的。美国的雨洪利用以增加入渗为宗旨，建有大量的人工渗滤田，来下渗雨洪水。另外在建设雨洪利用工程的同时，还制定了促进雨洪利用的管理条例和法规，来保证雨洪利用的实施。地下水库在美国的发展也较快，并通过对地下含水层进行人工补给来恢复湿地，发挥雨洪的生态效益。德国的雨水利用技术十分先进，其生产的雨水收集、过滤、储存、渗透产品已达到标准化、产业化程度；其雨水利用的实施也有专门法律的保证，要求国内无论是工商业还是居民建筑均要有雨水就地消化设施，若无相关设施，政府会对建筑物征收雨水排放税等。目前，许多国家通过现代化科技手段及新材料的研制利用，在雨水资源化和利用方面已取得很好的成果，如墨西哥利用天然不透水的岩石表层为集水面；美国利用化学材料处理集水面以增加集水效率；索马里在集水面上铺设塑料薄膜、沥青纸、金属板等，集水效果很好。德国、加拿大等许多发达国家将雨水汇集径流储存在蓄水池中，再通过输水管道灌溉庭院的花、草、树木和卫生间用水。混凝土板、水泥抹面、塑料薄膜、橡胶、钠盐、粗石蜡、沥青、有机硅树脂等物理的和化学的集流面处理材料，在提高雨水汇集效率方面取得了显著进展，积累了丰富的经验。

我国雨水集蓄利用技术在解决人畜饮水问题的基础上，经过漫长的认识过程和艰难的探索与实践，直到 20 世纪 80 年代，伴随着利用节水灌溉措施和设施将集雨用于农田灌溉的成功实践，才真正实现了天然降水的时域调控利用和高效利用，使农业生产水平大幅度提高，再次实现了旱作农业生产水平的进一步飞跃。集雨农业技术实践几十年来，形成了雨水的集、储、供、管集成化技术，把生物节水、农艺节水、化学节水、农机节水有机结合起来，使农业雨水利用效率大大提高，粮食产量不断增加。集雨农业技术的探索与成功经验，是径流农业技术在我国的新发展，极大地推动了我国及世界雨水集蓄利用的研究与发展。

1.2 坡地水资源利用与水土保持

减少坡耕地水土流失，以维护其生产潜力，改善生态环境，满足日益增长的人口对粮食的需求；采取有效的坡耕地改造配套工程措施，拦截季节性降水径流，减少地面径流对土壤表层的冲刷，变无效径流为有效灌溉水，形成支撑坡地高效生态农业的坡面配套工程体系，实现抗旱与防洪并举，达到保持水土、保障农业生态安全的目的，是我国所必须面临和解决的重大问题之一。与早年间国外学者提出的微型集雨模式相似，我国将拦蓄坡地降雨入渗技术方面的研究与水土保持技术相结合，具体方式包括：修筑鱼鳞坑、丰产沟、水平沟和改造水平梯田、隔坡梯田、反坡梯田等水保工程，通过改变原地形特征，拦蓄降雨径流，采用带状间作、等高种植、沟垄种植、蓄水聚肥等耕作技术，使降雨就地入渗。覆盖技术在坡耕地旱地作物上应用广泛，也是一项行之有效的保墒措施，地面覆盖主要包括地膜覆盖、秸秆覆盖和砂石覆盖。

蓄水保水也是坡地果业发展的关键，在坡地果园，水分收入只有自然降水，水分支出除了作物蒸腾外却还有径流、蒸发等损失方式。雨水集蓄高效利用是实现农业节水灌溉的重要手段，将成熟的水土保持技术与雨水集蓄技术相结合，建设坡面水系工程可为红壤区的水土保持和农业节水灌溉提供技术支撑。坡面水系工程是指在坡面上修建的以拦、蓄水为主的拦水沟、蓄水池、水窖、沉沙池、引水沟、排灌渠及坡改梯等工程的统称。已有研究表明，通过坡面水系工程的优化配置，可实现山丘区坡面蓄排径流、拦截泥沙和防控污染，这为山丘区水土保持和果业生产提供了有效途径。果园雨洪资源利用研究往往需要与森林水文过程相结合，把降水分为林冠截持量、穿透降雨量和干流量三部分，林冠截持量和截持降雨量的蒸发在生态系统水文循环和水量平衡中占有重要地位。在有地表覆盖的情况下，地被物（包括活地被物和死地被物）的截留能改变降水的质和量，是一个重要的水文过程，降水截留主要包括林冠截留、树干茎流和枯落物持水等。

1.3 坡地农业氮磷输出与水土流失防治

在我国南方红壤侵蚀区，由于农业生态系统中养分循环与平衡的失调，导致耕地普遍缺少有机质和氮素，全部旱地和60%的水田缺磷（赵其国等，2013），氮磷流失的同时，还会导致水体富营养化。旱坡地中过量氮肥的施用及不合理的农业管理致使氮素以挥发、反硝化及淋溶等途径输出，不仅造成经济损失，而且导致了地下水污染。南方红壤丘陵区暴雨多，降雨侵蚀力高，土壤土层薄且抗侵蚀能力较弱，因而易产生水土流失。袁东海等（2003）采用径流小区法研究了 6 种不同农作方式土壤氮素的流失特征，表明坡耕地土壤氮素的流失途径主要为径流流失，又以水溶态氮素为主。蔡崇法等（1996）的人工模拟降雨试验表明，养分随地表径流流失与泥沙流失趋势一致，初期流失量小，此后逐渐增加，一段时间后，在一定幅度内波动中稳定。韩建刚和李占斌（2011）研究了小流域自然降雨侵蚀下径流氮素中硝态氮和铵态氮的流失过程，发现流域景观的多样化与综合化对氮素流失的控制较为有效。这些研究表明，坡地氮素多以溶质形式输出，输出过程具有一定的规律性，对氮素流失的控制也有一定的方法。

一般认为磷在土壤中易被固定，扩散移动性能弱，因此，对于磷素随径流迁移的研究不如氮素和有机质等。但研究表明，水体发生富营养化最为关键的是外界磷素的输入，随径流迁移输出的磷素的量仍然不能忽视。由于磷素会被土壤颗粒吸附发生累积，且很少向深层迁移，相关研究（高超等，2005）也表明，总磷流失与产沙量呈正相关，磷素主要以地表流失为主，而对坡地磷素的研究，也大多集中在地表。坡地不同覆盖措施对磷素输出的影响不同，如横坡垄作及秸秆覆盖等农艺措施，能降低磷的流失量；植物篱等水土保持措施下，磷流失量均小于常规顺坡垄作处理，能有效减少径流及泥沙中各形态磷的流失；草带措施能明显控制径流泥沙磷迁移通量等。

1.4 流域雨水径流调控

随着水资源短缺问题的日益突出，许多地区将增加流域洪水资源的有效利用作为"开源"的一种重要途径。国内提出了由洪水控制向洪水管理转变的思路，并提出了水库动态汛限水位控制、蓄滞洪区主动调洪等一系列洪水资源利用的新方法与新措施，在实际中取得了一定的成效。关于径流调控与利用技术研究，以往国内外研究主要集中在雨水径流的农业利用、家庭利用和城市雨洪利用等方面，但在小流域尺度上，通过修建集流梯田工程，将小流域生态治理技术与雨水径流调控利用技术相结合的研究在近年来也成为雨水集蓄利用研究的热点领域。小流域综合治理后，有效地拦蓄了流域内降水。坡面工程拦蓄的水量，除部分无效蒸发外，一部分用于水土保持生物措施——植被的生长，改水分无效蒸发为有效蒸腾；另一部分入渗土壤，增加了土壤水分存赋，补充了下游地下水。改变了自然状态下小流域坡面降雨、地表径流、地下径流的循环、时空、数量的分配。大范围进行的集中连片小流域综合治理，联合运行，一定程度上可改变河川径流的年内分配，缓洪蓄洪，减少洪峰流量，增加河沟枯水期明流，整体上使流域内可利用水资源明显增加。

综观国内外雨水径流资源利用的实践，有着一些共同的特点：①各种先进材料在集雨工程中得到应用。如砼材料、PVC 材料、复合膜料、高分子化学材料等，这些新材料的应用，大大提高了雨水收集效率和利用率。②先进的节水技术在集雨灌溉农业中的应用日益广泛。以滴灌、微喷灌和渗灌为代表的微灌成为当今世界上效果最显著的节水技术，膜下滴灌、移动式喷灌、渗水膜、垄沟种植等新技术、新材料的应用也备受重视。③集雨灌溉农业高效用水规模越来越大。如塞浦路斯的管道输水和喷、微灌工程，灌溉面积已达 1.33 万余公顷；罗马尼亚与英国合建的奥尔特–卡尔马齐灌区，灌溉面积 6 万余公顷；中国西北地区以小流域为单元的集雨灌溉工程，实现了规模化发展。④集雨灌溉与旱农措施相结合，注重经济、社会、生态效益的协调。许多国家在田间灌水采用滴灌的基础上，结合调整种植结构，水肥同步供给，形成了节水、高产、高效技术体系。⑤集雨灌溉农业高效用水向产业化迈进。随着集雨工程技术、农艺节水技术、生物节水技术体系的日趋完善，许多新材料被广泛采用并形成产业化。⑥强调集雨灌溉农业高效用水的管理。国际上公认，灌溉节水潜力的 50%在管理方面。许多国家都采用计算机、遥感技术进行土壤墒情监测、灌水预报、输配水系统水的量测与自动监控。

关于坡地雨水径流资源利用与水土保持技术相结合的研究，国内外目前的研究尚不够系统，我国北方有部分研究，在我国南方红壤区因降雨丰富，坡地雨水径流资源利用技术的研究开展极少。而红壤区因山地丘陵比例大的地貌特点，坡耕地和坡地果园在其农业生产中发挥着极为重要的作用，降雨的丰沛又往往让山坡地的农林开发易产生较为严重的水土资源流失，因此，南方红壤区的坡地雨水径流资源水土保持调控技术需要迫切开展深入的研究。江西省位于南方红壤区的腹地，是南方红壤区的典型性和代表性省份，本书以江西省为例，梳理南方红壤区坡耕地以及果园雨水径流资源利用问题，并探索相关技术，从而为红壤丘陵区农业发展与减灾提供雨水径流资源利用的技术支撑。

第2章 江西省红壤丘陵研究区概况

2.1 自然环境

南方红壤区为我国水土流失最为严重的区域之一，其以大别山为北屏，巴山、巫山为西障（含鄂西全部），西南以云贵高原为界（包括湘西、桂西），东南直抵海域并包括台湾、海南岛及南海诸岛。南方红壤区包括广东、广西、福建、台湾、江西、湖南、湖北、浙江、安徽、云南、江苏等省（自治区）的部分区域，总面积118万km²，约占我国国土面积的12.3%，其中71.9%的土地面积为岗地、丘陵和山区。红壤是我国水热条件好且面积大的重要的土壤资源，不仅能种粮食作物和经济作物，而且是亚热带经济林木、油料、茶叶、果树的重要产地，在全国约1/3的耕地上提供了全国一半的产值，负担了近一半的人口。其地形条件复杂，"七山一水一分田，一分道路和庄园"的地形条件，为土壤侵蚀的发展提供了潜在的可能性，加上长期人为对山丘坡地资源的不合理利用，整个地区生态与环境遭受严重破坏，水土流失严重。

江西省地势是南高北低，周围环山，北面开口，四周渐次向鄱阳湖倾斜，以鄱阳湖为底部的大盆地。地形以山地和丘陵为主，山地面积约占全省总面积的36%，其高程一般在500m以上，大部分山区的高程在500~1000m之间。丘陵分布很广，约占总面积的42%左右，相对高程多为200~300m。地层发育良好，分南北两大区，北区以广泛出露前震旦纪复理石变质岩系为特征，震旦系及下古生界发育齐全，多为海相砂岩、页岩及碳酸岩，南区以广泛出露前泥盆纪浅变质岩系为特点，含煤、页岩及碳酸岩和红色砂岩、砾岩及火山岩建造。广泛分布侵入岩，岩石类型繁多，超基性、中性、酸性、碱性都有，以花岗岩类为主，包括花岗闪长岩、钾长花岗岩。

江西省地处中亚热带暖湿季风气候区。冬夏季风交替显著，四季分明，春秋季短，夏冬季长，其特点为：春季多雨、夏季炎热、秋季干燥、冬季阴冷。日照较充足，历年平均日照时数为1722h，日照百分率为33%~47%，大于10℃日照时间也有1090~1600h。历年平均气温16.3~19.7℃，自北向南逐渐增高，南北差异3℃左右。历年各月平均气温以1月最低，平均为6.0℃，以7月最高，平均为28~29.9℃。降水丰富，历年平均降水量1661mm。四季降水分配不均，一般春末夏初（3~6月）降水量特别集中，占全年降水量55.9%，尤其是4~6月，降水量达750mm，占年降水量的 45.3%。

鄱阳湖流域基本涵盖江西省全境,河流纵横,水网稠密,天然水系发育旺盛,水量丰沛,拥有大小河流 2400 多条,总长 18400km,主要河流赣江、抚河、信江、饶河、修水分别从南、东、西三面汇流鄱阳湖,最后注入长江,构成一个完整的以鄱阳湖为中心的向心水系。流域水资源量数据统计如表 2.1 所示。

表 2.1　鄱阳湖流域"五河一湖"多年平均水资源量　　（单位：亿 m³）

水资源分区	地表水资源量	地下水资源量	地下水资源与地表水资源不重复量	水资源总量
赣江（小计）	827.99	219.54	—	827.99
抚河（李家渡以上）	225.45	56.39	—	225.45
信江（梅港以上）	238.51	45.44	—	238.51
饶河（石镇街以上）	198.04	39.43	—	198.04
修河（永修以上）	164.54	40.63	—	164.54
鄱阳湖环湖区	238.85	44.11	18.25	257.10
鄱阳湖水系（小计）	1893.38	445.54	18.25	1911.63

资料来源：《江西省水资源公报 2015》。

江西省野生植物资源丰富,种属繁多,代表性的植被类型为亚热带常绿阔叶林、针叶林、针阔叶混交林、常绿与落叶阔叶混交林和落叶阔叶林,其山顶矮林以及竹林也不在少数,还有荒山灌丛草坡、沙地植被、草甸植被等。

从地区分布上来看,植被分布支流优于干流,且自河流上游向下游递减,主要林地分布在各河上游地区。低山丘陵山顶、山坡上植被较密集,森林和次生森林主要组成成分为马尾松、台湾松林、杉木林、竹林等,而在河岸和城镇附近,特别是岩石风化较强的地区植被相对较差,这些地区植被大部分受到破坏,冲刷较大,水土流失比较严重(蔡玉林,2006;王毛兰,2007)。

截至 2011 年年底,江西全省林业用地面积 1072.022 万 hm²,有林地面积达到 927.857 万 hm²,活木蓄积量 4.45 亿 m³,森林覆盖率 63.1%,居全国第二。

2.2　坡耕地水土资源问题

江西省坡耕地主要集中分布在赣北和赣中一带,其坡度主要分布于 5°~25°,各市占全省坡耕地总面积比例如图 2.1 所示。根据全国水利普查水土保持专项普查及全国水利普查江西省第一次水利普查公报,坡耕地水土流失面积 2350.34 km²,占水土流失总面积的 8.87%;坡耕地土壤侵蚀量 1218.92 万 t,占总土壤侵蚀量的

14.91%。根据江西水土保持生态科技园坡耕地水土流失量的调查分析，12°的坡耕地年最大土壤侵蚀强度达到 8000t/km²、最小达到 1500t/km²，14°的坡耕地年最大土壤侵蚀强度达到12000t/km²，随着坡耕地坡度增加，单位面积土壤流失量明显增大。从时间分布上看，坡耕地水土流失主要发生在汛期 4～9 月，水土流失量约占全年流失量的 75%以上，往往是由几场暴雨造成的。按照江西省土壤肥力较好的耕地耕作层厚度 20.00 cm、土壤容重 1.20 g/cm³ 计算，江西每年坡耕地流失的表层土可以造耕地 13.40 万亩[①]。

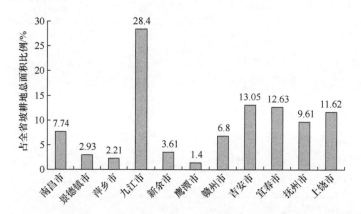

图 2.1 江西省各市占全省坡耕地总面积比例

2.3 果园水土流失与水土保持

据《江西统计年鉴 2018》，江西省现有果园面积为 4089.47km²，占江西省面积的 2.45%。由图 2.2 可见，果园主要集中分布在赣南和赣中一带，其中以赣南地区的赣州市的分布面积最大，其次为赣中的抚州市和吉安市，以上三地市的果园面积占全省果园总面积的 80.99%，果园所处的坡面坡度为 10°～25°。

自从 2000 年江西省提出"南橘北梨"果业发展战略，江西省果业从 1999 年的 29.77 万 hm² 增长到 2018 年的 40.89 万 hm²，其中柑橘面积从 18.56 万 hm² 增长到 32.94 万 hm²，约占全国柑橘面积 12%，柑橘年产量从 45.75 万 t 增长到 410.8 万 t，占全国的 10%以上，柑橘面积和产量均占到全省果园的 80%以上，但是伴随着果园的开发，加大了人为活动对自然环境的破坏力度，往往造成水土流失现象，特别是果园开发初期，如果没能采取行之有效的水土保持措施，其水土流失较为严重。

[①] 1 亩≈666.7m²。

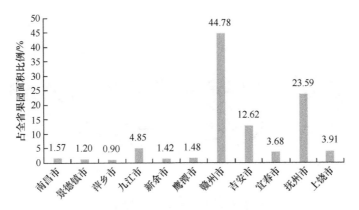

图 2.2　江西省各市占全省果园总面积比例

第3章 红壤坡地雨水径流资源调控与利用理论

3.1 自然降雨特征

3.1.1 时间分布

研究区多年（1960～2018 年）平均年降雨量为 1668mm，年际间的变异系数为 0.16。为了更深入地分析降雨量的年际变化，设定丰水年是指年降雨量频率分布曲线上频率小于 25%的年份，即降雨量超过 1848mm 的年份；而枯水年则是指频率大于 75%的年份，即降雨量低于 1471mm 的年份。降雨量介于这两者之间的年份称之为平水年。根据这一划分标准，在过去的 59 年间，研究区出现了 14 次枯水年，占总年数的 23.73%；出现了 15 次丰水年，占总年数的 25.42%（图 3.1）。由此可知，研究区年降雨量丰沛，但年际间降雨量具有很大的变异性，且气象干旱年份出现频率较高。

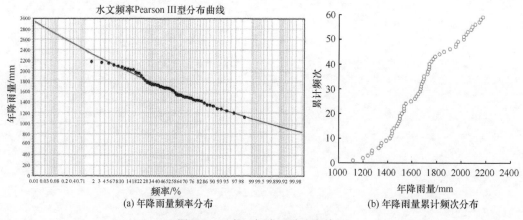

(a) 年降雨量频率分布 (b) 年降雨量累计频次分布

图 3.1 研究区年降雨量分布特征

1960～2018 年江西省年降雨量总体呈略上升趋势，但未通过 0.05 水平的 Mann-Kendall 秩（简称"M-K 秩"）显著性检验（图 3.2）。降雨天数呈下降趋势，这表明平均降雨强度呈增加趋势，降雨时间分布不均匀更明显，洪涝与干旱灾害风险增加。1962～1968 年、1984～1991 年和 2003～2008 年是三个较长的连续枯水段，且 1962～1968 年降雨量平均值、最大值均比 2003～2008 年相应值小，因此连续枯水年是江西省水文丰枯交替枯水段的表现，并非孤立事件，具有重现性。

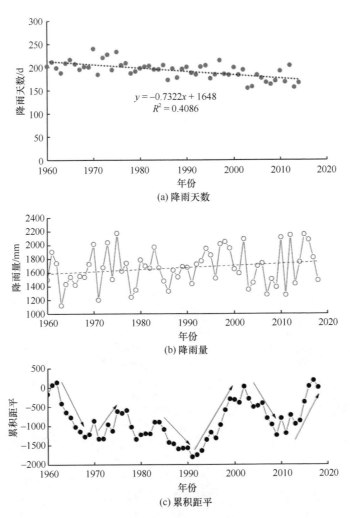

图 3.2　江西省年际降雨动态变化

　　研究区年内降雨量呈单峰变化，1~6 月降雨量逐月增加，至 6 月达到最大（图 3.3）。区域年内降雨季节分配不均，主要集中在春夏两季，多年平均 3~8 月降雨量占全年降雨量的 72.31%。从年内各月降雨的 Mann-Kendall 趋势来看，1 月、6 月、7 月和 8 月降雨量有显著增加趋势，5 月和 10 月降雨量有显著减少趋势，降雨量的年内分布将更加集中。

3.1.2　空间分布

　　根据资源环境科学与数据平台（http://www.resdc.cn/Default.aspx）数据（图 3.4），江西省多年降雨量南部最小只有 999mm，北部地区最大可达 2952mm，空间分布特征总体明显表现为由南到北逐渐增大，东部降雨量显著大于西部，赣南丘陵地区降雨量小于湖区平原地区的趋势。江西省坡耕地主要分布在北部地区，果园主要集中在南部地区。因此，南部果园会存在严重的水土流失和季节性干旱现象，而北部坡耕地存在水土流失问题。

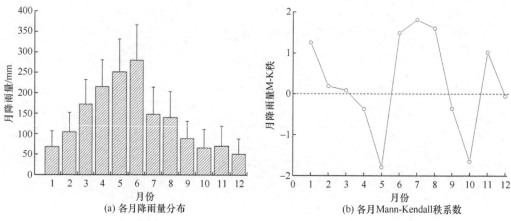

(a) 各月降雨量分布　　　　　(b) 各月Mann-Kendall秩系数

图 3.3　研究区多年（1960～2018 年）平均降雨量月分布及变化

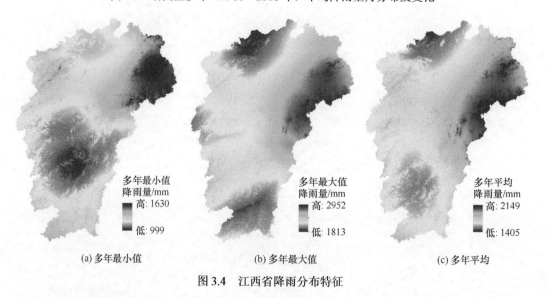

(a) 多年最小值　　　　(b) 多年最大值　　　　(c) 多年平均

图 3.4　江西省降雨分布特征

3.1.3　降雨特征

1. 坡耕地和果园试验区

图 3.5 为坡耕地和果园试验区（江西水土保持生态科技园）多年（2001～2018年）平均降雨量年际分布图。由图 3.5 可知，坡耕地和果园试验区 2001～2018 年平均降雨量为 1427.5mm，最大降雨量为 2015 年的 1889.7mm，最小降雨量为 2011 年898.5mm，年际间极差达 991.2mm，变异系数达 24.53%。总的来看，雨水资源丰富，年际降雨量分配不均匀。近 18 年来，降雨量可分为三个阶段（图 3.6），2001～2005

年降雨量累积距平呈增加趋势，2005～2011 年累积距平曲线呈显著的下降趋势，2011～2018 年累积距平呈上升趋势，但累积距平仍为负值，也就是说年际间有丰水年和枯水年之分，且可形成连续丰水年和枯水年。

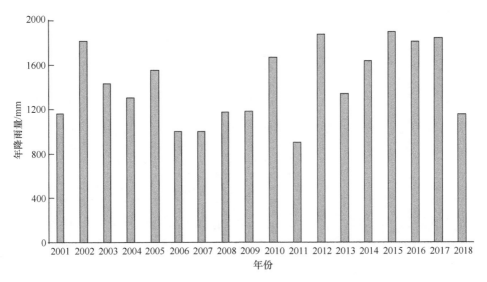

图 3.5　试验区多年（2001～2018 年）平均降雨量年际分布

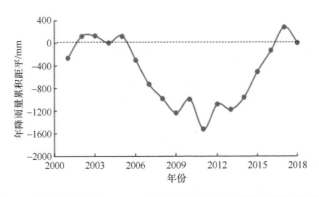

图 3.6　试验区多年（2001～2018 年）平均降雨量累积距平曲线图

试验区年内降雨主要集中在 4～7 月，占全年降雨量的 52.24%。降雨量从 1～6月呈逐月增加趋势，到 6 月达到峰值，之后呈逐月减少趋势，全年降雨量分布呈单峰型（表 3.1）。

表 3.1　试验区降雨量年内分布　　　　　　　　　（单位：mm）

年份	1 月	2 月	3 月	4 月	5 月	6 月	7 月	8 月	9 月	10 月	11 月	12 月	全年
2001	126.7	51.9	92.2	178.8	83.5	120.6	92.5	209.1	23.0	79.1	57.8	69.8	1164.3
2002	53.1	32.1	129.0	378.0	385.5	86.5	191.1	166.9	90.2	81.3	91.4	123.4	1808.5
2003	43.9	158.8	137.1	326.1	228.8	283.4	55.9	31.3	61.9	38.4	43.3	24.1	1433.0

续表

年份	1月	2月	3月	4月	5月	6月	7月	8月	9月	10月	11月	12月	全年
2004	64.4	60.4	51.8	120.9	281.5	164.0	135.4	298.0	21.4	0.9	73.6	30.1	1302.4
2005	76.7	152.9	84.6	115.8	160.6	207.3	160.0	98.1	253.4	54.4	170.8	16.3	1550.9
2006	80.5	102.8	49.2	192.0	104.2	127.0	76.5	155.4	28.2	13.4	57.8	12.5	999.5
2007	62.2	47.1	118.6	103.3	134.5	178.1	93.8	133.6	68.1	8.0	21.9	31.9	1001.1
2008	112.9	5.1	77.1	106.1	44.4	152.2	249.4	178.8	14.4	115.5	102.0	13.7	1171.6
2009	14.2	141.1	131.5	152.9	107.2	284.7	103.6	104.4	17.1	12.9	63.8	46.5	1179.9
2010	34.9	137.5	277.2	230.7	265.0	171.9	161.6	86.1	93.4	112.2	15.6	81.3	1667.4
2011	36.9	15.2	55.9	60.3	112.1	328.9	42.9	129.9	26.6	49.1	25.9	14.8	898.5
2012	70.1	99.1	262.9	242.7	209.9	184.0	146.4	120.3	256.6	59.8	126.4	89.5	1867.7
2013	12.0	56.3	160.0	162.9	375.7	349.7	56.9	31.8	53.1	2.3	75.7	0.0	1336.4
2014	27.0	150.5	137.4	128.0	246.4	191.0	409.6	90.0	95.0	58.8	91.2	10.3	1635.2
2015	17.9	168.1	140.1	229.9	259.0	315.5	74.2	196.0	138.4	86.8	180.3	83.5	1889.7
2016	68.0	54.2	70.8	231.4	241.2	384.9	403.8	56.5	126.0	48.1	44.1	68.5	1797.5
2017	39.7	49.8	253.2	152.0	138.9	406.9	252.8	333.4	118.0	18.3	44.1	32.5	1839.6
2018	81.7	48.5	150.3	157.2	197.2	111.7	76.4	73.1	37.6	42.6	75.9	98.7	1150.9

坡耕地和果园试验区所在地江西水土保持生态科技园降雨特征分析的结果表明，尽管该区雨水资源丰富，但年际、年内降雨分配不均，连续枯水年具有重现性，且降水的年内分布有更加集中的趋势，易产生较严重的水土流失和旱涝灾害，对农业生产造成不利影响。

2. 小流域试验区

由图 3.7 可知，宁都小流域试验区 1981～2010 年多年平均降雨量为 1647mm，

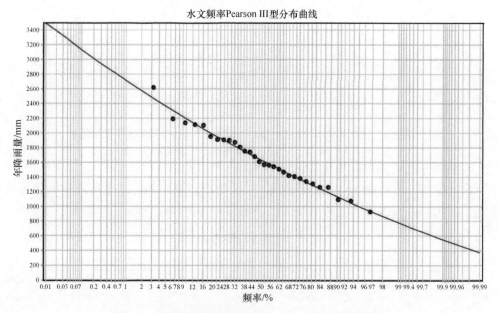

图 3.7　宁都小流域试验区 1981～2010 年降雨量分布

年际间变异系数为 0.23。频率为 25% 的降雨量为 1914mm，频率为 75% 的降雨量为 1356mm。由此可知，宁都小流域试验区年降雨量频率分布与江西省年降雨量频率分布基本一致。

由图 3.8 可知，宁都小流域试验区从 1～6 月降雨量逐月增加，之后呈快速减少特征。降雨主要集中在 3～8 月，多年平均降雨量占全年降雨量的 74.84%。宁都小流域试验区降雨量年内分布特征与江西省分布特征基本一致，小流域内降雨特征具有很好的代表性。

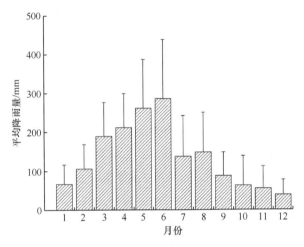

图 3.8　宁都小流域试验区月降雨量分布

3.2　土壤入渗规律

3.2.1　入渗动态分布规律

1. 裸露坡地入渗动态分布特征

入渗量采用降雨量与地表产流量之差计算得到。图 3.9 是根据试验区裸露坡地径流小区的资料绘制的 2001～2015 年降雨入渗年内动态变化图。从中可知，坡地降雨入渗年内分布特征明显，主要集中在 3～8 月，占总入渗量的 66.01%，与南方地区的汛期（4～9 月）基本一致；土壤水分入渗量在 1～3 月、10～12 月差异不明显，而从降雨量和降雨强度的年内分布可知，这几个月降雨量和降雨强度均较小，说明土壤入渗量与降雨量和降雨强度关系密切。

为了分析不同雨型下的土壤入渗特征，选取研究区 2012 年共计 21 场次降雨事件，其降雨量共计 1048.4mm，占全年降雨量的 56.13%，典型单场降雨入渗资料，如表 3.2 所示。由表 3.2 可知，不同雨型下的土壤入渗系数变化范围是：中雨为 0.89～0.99，平均为 0.96；大雨为 0.92～0.99，平均为 0.97；暴雨为 0.78～0.96，平均为 0.88；特大暴雨为 0.62～0.91，平均为 0.80。这表明，不同雨型对坡面径流以及土壤入渗的影响大，

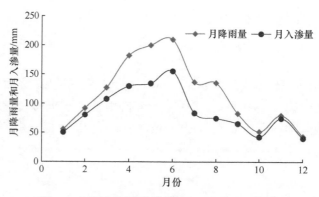

图 3.9 试验区裸露坡地降雨入渗年内动态变化

且土壤入渗系数随着雨强的增大而增加,当增加到一定程度后,土壤入渗系数随着雨强的增大而有减小的趋势。这是因为,降雨强度直接影响土壤下渗强度及下渗量,在降雨强度小时,降雨全部渗入土壤,入渗过程受降雨过程制约,入渗率随雨强增大而增大。当降雨强度大于下渗能力时形成径流,地表径流的比例增大,土壤入渗系数减小。在裸露坡地雨强增大而入渗量降低的另一原因是,强度较大的雨点可将土粒击碎,并填充土壤的空隙中,严重制约土壤的入渗能力。因此,要从尽可能地分散和降低降雨及径流动能入手,选择合适水土保持技术措施改变下垫面状况,以增加入渗量。

表 3.2 不同雨型下的土壤入渗特征

雨型	开始日期	降雨历时/min	降雨量/mm	平均雨强/(mm/h)	最大雨强/(mm/h)	入渗量/mm	入渗系数
中雨	1 月 14 日	2160	44	1.22	4.2	43.62	0.99
	3 月 3 日	2210	68.6	1.86	16.8	61.39	0.89
	3 月 22 日	1220	31.7	1.56	6.6	30.57	0.96
	8 月 9 日	1785	48	1.61	24.6	46.4	0.97
	9 月 21 日	1460	34.1	1.40	4.2	33.65	0.99
大雨	2 月 5 日	985	39.1	2.38	8.4	38.39	0.98
	2 月 21 日	715	26.2	2.20	15.6	25.49	0.97
	3 月 3 日	1235	49	2.38	13.8	47.53	0.97
	4 月 3 日	770	42.6	3.32	35.4	39.13	0.92
	5 月 12 日	560	25.7	2.75	9	25	0.97
	5 月 19 日	950	50	3.16	34.8	48.04	0.96
	6 月 25 日	2270	117.1	3.10	77.4	114.06	0.97
	10 月 29 日	1050	39.9	2.28	10.2	39.45	0.99
暴雨	3 月 17 日	150	26.1	10.44	41.4	21.61	0.83
	4 月 28 日	745	80.5	6.48	90.6	75.21	0.93
	7 月 2 日	177	44.8	15.19	85.2	41.8	0.93
	9 月 2 日	1483	157	6.35	70.2	122.48	0.78
	11 月 15 日	176	50	17.05	19.8	48.11	0.96
特大暴雨	7 月 23 日	18	18.9	63.00	99	16.34	0.86
	8 月 19 日	80	31.7	23.78	47.4	28.89	0.91
	9 月 11 日	55	23.4	25.53	99	14.59	0.62

2. 果园入渗动态分布特征

图 3.10 是根据江西水土保持生态科技园径流小区的资料绘制的 2001~2015 年果园坡面降雨入渗量年内动态变化。从图 3.10 中可知,果园坡面降雨入渗量年内分布特征明显,主要集中在 3~8 月(汛期),占总入渗量的 49.83%~84.40%。从降雨量和降雨强度的年内分布可知,雨季降雨量和降雨强度均较大,说明果园土壤入渗量与降雨量和降雨强度关系密切。

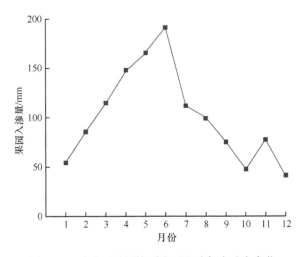

图 3.10　试验区果园坡面降雨入渗年内动态变化

3. 林地入渗动态分布特征

在泰和县老虎山小流域内选取 2 种不同类型的野外自然坡面径流小区,分别为裸露对照(CK)小区、马尾松纯乔(PT)小区。

1)降雨特征分析

主要收集到了泰和县老虎山小流域马尾松林地 2010~2011 年间的 30 场次降雨数据,通过统计分析得到,30 场次降雨的总降雨量为 599.5mm,其中,最小次降雨量为 7.8mm,最大次降雨量为 50mm,平均次降雨量为 19.89mm。按照气象局的降雨类型划分标准,如表 3.3 所示,30 场次降雨中有小雨 9 场,降雨量为 81.2mm,占总降雨量的 13.54%,中雨 12 场,降雨量为 195.1mm,占总降雨量的 32.54%,大雨及以上降雨 9 场,降雨量为 323.2mm,占总降雨量的 53.92%,占总降雨次数 30% 的大雨及以上类型的降雨所产生的降雨量占到了整个降雨量的一半以上。

2)马尾松林下产流特征分析

根据统计分析得到,马尾松纯乔(PT)小区 30 场次降雨的总径流深为 209.36mm,入渗率为 65.08%,与裸露对照(CK)小区相比,入渗率增加了 8.83%。具体单场次降雨数据如图 3.11 所示。通过对 30 场次降雨的入渗数据的显著性检验得到，马尾松纯乔小区与裸露对照小区在次降雨入渗方面无显著性差异，马尾松纯乔的入渗率为 37.65%～99.85%，裸露对照小区的入渗率为 35.84%～94.02%。

表 3.3　降雨分类概况表

雨型	次数/次	降雨量/mm	占总降雨次数比例/%	占总降雨量的比例/%
小雨	9	81.2	30	13.54
中雨	12	195.1	40	32.54
大雨及以上	9	323.2	30	53.92

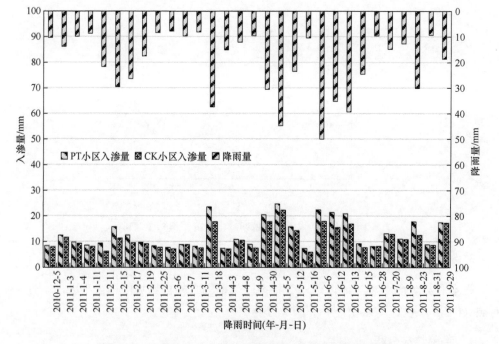

图 3.11　马尾松纯乔小区与裸露对照小区次降雨入渗数据

如表 3.4 所示，小雨型下，PT 小区的入渗量是 CK 小区的 1.06 倍，从占总入渗量比例上来看，PT 小区的入渗量仅占到了总入渗量的 19.94%，略低于 CK 小区的 21.78%，马尾松纯乔小区在小雨型下，具有一定的截留入渗效果，其截留入渗率为 95.81%，高于裸露对照小区的 90.43%；中雨型下，PT 小区的入渗量是 CK 小区的 1.09 倍，从占总入渗量比例上来看，PT 小区的入渗量仅占到了总入渗量的 33.97%，要略低于 CK 小区的 36.14%，马尾松纯乔小区在中雨型下，减流成效较小雨型有所降低，在整个降雨过程的入渗量占有比例方面略低于裸露对照小区；大雨及以上雨型下，PT 小区的入渗量是 CK 小区的 1.27 倍，从占总入渗量比例上来看，PT 小区的入渗量占到了总入渗量的 46.10%，要略高于 CK 小区的 42.08%，马尾松纯乔小区在大雨及以上雨型下，在整个降雨过程的入渗量占有比例方面略高于裸露对照小区。不同雨型下，马尾松纯乔小区与裸露对照小区略有不同。

表 3.4 不同降雨类型下裸露对照小区和马尾松纯乔小区产流入渗特征

小区	小雨			中雨			大雨及以上		
	入渗量/mm	占总入渗量比例/%	入渗率/%	入渗量/mm	占总入渗量比例/%	入渗率/%	入渗量/mm	占总入渗量比例/%	入渗率/%
CK	73.43	21.78	90.43	121.90	36.14	62.47	141.91	42.08	43.91
PT	77.80	19.94	95.81	132.50	33.97	67.93	179.82	46.10	55.64

3.2.2 入渗影响因素

1. 土壤容重对土壤入渗的影响

土壤结构是指土壤的松紧程度、孔隙状况和板结程度,常用土壤容重来表示。图 3.12 中不同母质红壤入渗曲线均呈现先下降后逐渐稳定的趋势,当土壤含水率接近或者达到饱和进入渗透阶段后,土壤水动力不再发生变化,渗透速率的大小取决于土体自身孔隙度大小,当土壤质地等其他条件一样时,不同容重结构土壤孔隙状况不同,容重小的土壤孔隙度大,水分通量大,所以表现出图 3.12 中曲线分布情况。

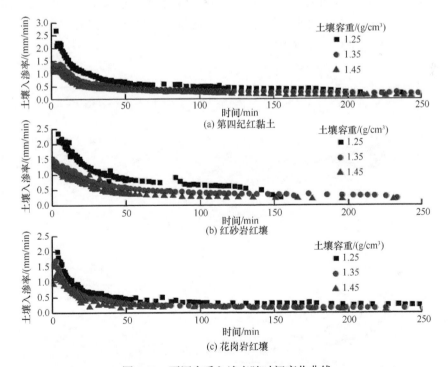

图 3.12 不同容重入渗率随时间变化曲线

不同容重的土壤入渗率变化过程不同，随着容重的增加，入渗率过程线逐渐降低，即对于同一入渗时间，入渗率随着土壤容重的增加而减小，入渗率变化过程符合考斯加科夫（Kostiakov）模型；稳定入渗率随土壤容重的增加而明显降低。

当土壤质地一定时，不同结构的土壤孔隙状况不同，疏松的土壤在单位势梯度下，土壤水分通量大，而对于密实土壤，单位势梯度下水分通量小。另外，土壤中大孔隙及传导孔隙是土壤水分入渗的主要通道。一般认为，当量孔径在 0.1mm 以上为大孔隙，0.1～0.03 mm 为传导孔隙。土壤容重越小，大孔隙与传导孔隙越多，水分在土壤中的流动通道越畅通，水流的实际过水面积也越大，土壤入渗能力越强。所以，积水后入渗量、入渗率和相对稳定入渗率随着土壤容重的增加而减小。

2. 土壤母质对入渗的影响

为模拟不同整地状态下的不同母质对土壤入渗的影响，进行试验研究。不同母质发育的红壤其理化性质不同，其土壤结构也将差异明显。图 3.13 为三种不同母质发育的红壤入渗过程，可以看出不同母质发育对土壤的下渗率影响非常明显。整体来看，红砂岩红壤的土壤入渗率最大，第四纪红黏土居中，花岗岩发育红壤入渗率最小。但是，花岗岩红壤的下渗率随时间推移下降得最快，达到稳定入渗时间最短，第四纪红黏土其次，红砂岩红壤的下渗率随时间下降得最慢，达到稳定入渗时间也最长。起始下渗率和稳定下渗率的大小排序依次是：红砂岩发育的红壤>第四纪红黏土>花岗岩发育的红壤。在花岗岩和红砂岩地区，尤其要注意土壤入渗问题。

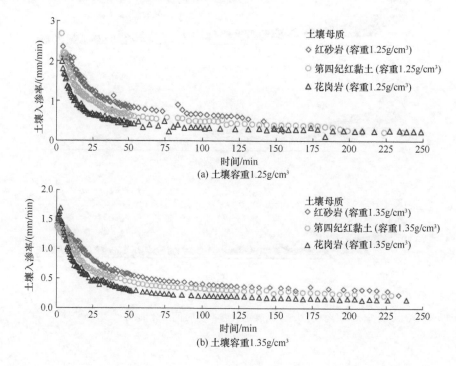

(a) 土壤容重1.25g/cm³

(b) 土壤容重1.35g/cm³

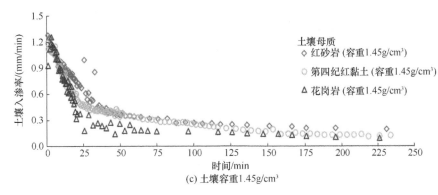

图 3.13　不同母质下土壤入渗率变化过程

3. 下垫面对入渗的影响

通过 2010 年 1 月至 2012 年 12 月这三年对自然降雨条件下覆盖、敷盖和裸露 3 种下垫面处理的观测，进行入渗研究。

1）降雨输入特征分析

观测期间，试验场范围内降雨量为 4282.3 mm，降雨总历时 2238 h，其中 2010 年、2011 年、2012 年的降雨量分别为 1553.4mm、898.3mm、1830.6 mm（表 3.5）。根据试验站区（德安县域）1960~2010 年年均降雨量为 1397.3 mm，可知 2010 年和 2012 年为丰水年，2011 年为枯水年。对降雨的季节分布统计发现，降雨主要集中在 3~9 月，3 年中这 7 个月的总降水量占全年的 77.7%。

表 3.5　2010~2012 年降雨资料统计

年份	降雨量/mm	降雨输入/m³	降雨次数	降雨历时/h
2010	1553.4	116.51	170	594
2011	898.3	67.37	127	555
2012	1830.6	137.30	178	1089
合计	4282.3	321.18	475	2238

2）径流输出及入渗

经 3 年观测和统计，2010~2012 年覆盖小区、敷盖小区和裸露小区年地表径流量、壤中流量和地下径流量如表 3.6 所示。可以看出，2010~2012 年这 3 年中，在自然降雨条件下 3 种下垫面处理的总径流量均为敷盖>裸露>覆盖。

从年尺度观测结果看，覆盖和敷盖小区不同垂向分层的径流量组成特征基本一致：地表径流占总径流量的 2%~4%，壤中流占 5%~7%，地下径流占 88%~93%；而裸露小区径流量组成与其他两种下垫面处理的差异较大，3 年总的地表径流、壤中流、地下

表 3.6 2010～2012 年 3 种处理下不同分层垂向输出径流量

年份	处理	地表径流量/ m³	壤中流量/m³	地下径流量/ m³	总径流量/m³	径流系数	入渗量/m³
2010 年	覆盖	1.70	4.33	65.51	71.54	0.61	114.81
	敷盖	2.18	6.99	95.25	104.42	0.90	114.33
	裸露	42.13	1.33	47.80	91.26	0.78	74.38
2011 年	覆盖	0.70	1.48	19.39	21.57	0.32	66.67
	敷盖	0.97	2.66	47.70	51.33	0.76	66.4
	裸露	7.40	1.09	27.66	36.15	0.54	59.97
2012 年	覆盖	2.33	3.87	46.62	52.82	0.38	134.97
	敷盖	2.75	5.69	83.09	91.53	0.67	134.55
	裸露	10.64	3.05	66.42	80.11	0.58	126.66

径流量分别占总径流量的 29.0%、2.6% 和 68.4%。总体看，坡面径流均以地下径流为主要途径，覆盖和敷盖处理 3 年总地下径流量均占总径流量的 90% 以上，但无水保措施的下垫面会使地表径流大幅度增加，地下径流则减少至总径流量 2/3 左右。

从入渗量来看，3 种处理的入渗量大小均为覆盖>敷盖>裸露，但是覆盖和敷盖的入渗量相差不大。覆盖、敷盖、裸露处理下的水分入渗量分别占降水输入量的 98.3%～98.9%、97.9%～98.5%、63.8%～93.2%。覆盖和敷盖处理下的入渗量占降水输入量比例均远大于裸露处理，且覆盖和敷盖处理小区还出现了壤中流量大于地表径流量的现象，说明采取一定的水土保持措施改变下垫面能够促进坡面地表水分的入渗。

3.2.3 入渗过程数学模拟

国内外学者在研究均质土壤入渗时建立了许多模型，来模拟土壤入渗率随时间变化过程。其中经验模型如 Kostiakov 模型（1932 年）、Hoton 模型（1974 年）及物理模型如 Philip 模型（1957 年）在模拟均质土壤入渗过程有较高精确度及适用性（王全九等，2002；吕振豫等，2019）。Green-Ampt 模型（简称 G-A 模型）由于具有很好的机理性，在我国得到广泛应用。本书选用上述四种模型对土柱法入渗试验结果回归分析，探讨其精确度及适用性，结果如表 3.7 所示。

Hoton 入渗模型：

$$i(t) = i_c + (i_0 - i_c)e^{-kt} \tag{3.1}$$

式中，$i(t)$ 为 t 时刻土壤入渗率，mm/min；i_c 为土壤稳定入渗率，mm/min；i_0 为土壤初始入渗率，mm/min；k 为与土壤特性有关的经验常数；t 为时间，min。

Kostiakov 入渗模型：

$$i = kt^{-a} \tag{3.2}$$

式中，i 为入渗率，mm/min；t 为入渗时间，min；k 为入渗系数；a 为入渗指数。

Philip 入渗模型：

$$i = \frac{1}{2}St^{-0.5} + A \tag{3.3}$$

式中，i 为入渗率，mm/min；t 为入渗时间，min；S 为吸湿率，mm/min$^{0.5}$；A 为常数，mm/min。

Green-Ampt 入渗公式：

$$f = k\left(1 + A/F\right) \tag{3.4}$$

$$F = kt + A\ln\left(\frac{A+F}{A}\right) \tag{3.5}$$

$$A = \left(\psi + h_0\right)\left(\theta_\psi - \theta_0\right) \tag{3.6}$$

式中，f 为入渗率，mm/min；F 为累积入渗量，mm；ψ 为湿润峰处的土壤吸力（负的土壤水势），mm；k 为湿润区土壤导水率（近似为饱和土壤导水率），mm/min；θ_ψ 为湿润区土壤体积含水量，cm^3/cm^3；θ_0 为初始土壤含水量，cm^3/cm^3；h_0 为地表积水深，mm；t 为时间，min。

由表 3.7 可知，Hoton 模型、Kostiakov 模型、Philip 模型和 Green-Ampt 模型的复相关系数 R^2 均大于 0.81，说明经典入渗模型可以描述室内土柱土壤水分入渗变化过程。其中，Green-Ampt 模型回归结果 R^2 为 0.880~0.977，平均值为 0.939，Kostiakov 模型回归结果 R^2 为 0.862~0.992，平均值为 0.952；Philip 入渗模型回归结果 R^2 为 0.922~0.996，平均值为 0.967，说明 Philip 入渗模型模拟均质红壤入渗精确度高、适用性强。但由于 Green-Ampt 模型各参数具有很好的物理意义，且与 Philip 模型精度相差不大，建议对均质红壤水分入渗过程采用 Green-Ampt 模型进行模拟分析。因此，在研究红壤雨水径流分配与输出规律时，土壤水分入渗模拟可参考采用 Green-Ampt 模型。

表 3.7　均质红壤入渗模型回归分析

土壤类型	容重 /（g/cm³）	Hoton 模型 R^2	Kostiakov 模型	R^2	Philip 模型	R^2	Green-Ampt 模型 k 值	R^2
第四纪红壤	1.2	0.912	$i=10.02t-0.234$	0.971	$i=9.42t-0.5+2.613$	0.992	3.456	0.938
	1.3	0.953	$i=5.62t-0.403$	0.988	$i=5.71t-0.5+0.359$	0.996	0.765	0.966
	1.4	0.901	$i=3.38t-0.546$	0.991	$i=3.37t-0.5-0.081$	0.993	0.105	0.937
	1.5	0.934	$i=1.64t-0.576$	0.990	$i=1.58t-0.5-0.046$	0.990	0.0067	0.977
	1.25	0.924	$i=5.08t-0.514$	0.987	$i=5.03t-0.5-0.031$	0.981	2.278	0.958
	1.35	0.942	$i=2.30t-0.422$	0.938	$i=2.95t-0.5+0.042$	0.956	0.256	0.969
	1.45	0.961	$i=2.57t-0.529$	0.946	$i=2.27t-0.5+0.025$	0.926	0.001	0.912
红砂岩红壤	1.25	0.891	$i=5.82t-0.491$	0.919	$i=5.27t-0.5+0.141$	0.949	0.655	0.977
	1.35	0.892	$i=2.90t-0.429$	0.862	$i=3.09t-0.5+0.149$	0.922	0.460	0.892
	1.45	0.940	$i=2.39t-0.458$	0.880	$i=2.79t-0.5+0.021$	0.947	0.405	0.880
花岗岩红壤	1.25	0.811	$i=3.18t-0.470$	0.946	$i=3.63t-0.5-0.011$	0.972	0.147	0.954
	1.35	0.862	$i=2.98t-0.557$	0.992	$i=2.84t-0.5+0.048$	0.989	0.034	0.963
	1.45	0.890	$i=3.43t-0.666$	0.961	$i=2.78t-0.5+0.103$	0.955	0.009	0.886

注：i 为入渗速率；t 为入渗时间；R^2 为模型复相关系数，表征模型精度。

3.3 土壤水分分布规律

3.3.1 坡耕地土壤水分分布规律

1. 时间分布规律

1）年际变化特征

时间稳定性是分析土壤水分时空变异性的重要因素，对土壤水分时间稳定性的分析可为区域土壤墒情的预测及水资源量的评估等提供依据。图 3.14 为湖口县农业气象站 2000～2013 年棉花–油菜连作土壤储水量变化过程。由图 3.14 可知，红壤耕地土壤水分年际间变化不大，表层土壤 0～20cm 土壤储水量年际间变异系数为 0.068，0～50cm 土壤储水量变异系数为 0.05，而降雨量变异系数可达 0.195。同时，土壤储水量和降雨量呈正相关，但相关性不显著。由此可知，在年时间尺度上，红壤耕地土壤储水量较为稳定，降雨对土壤水分的影响在年际时间尺度上影响较小。

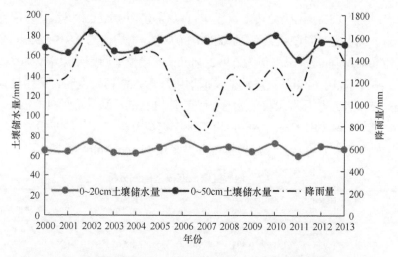

图 3.14 江西省湖口县农业气象站棉花–油菜连作土壤储水量变化过程

2）季节性变化特征

图 3.15 为红壤耕地各土层相对湿度年内各月平均变化。由图可知，红壤耕地年内土壤水分的变化可以划分为春季（3～5 月）饱和期，夏季（6～8 月）干旱期，秋季（9～11 月）补水期和冬季（12 月至翌年 2 月）湿润期。各层土壤水分年内分布规律与降雨年内分布规律趋势总体一致，且表层土壤 0～20cm 水分波动较大，而深层土壤水分波动较小。这主要是由于表层土壤受气候变化影响较大，且江西红壤旱作耕地主要作物为花生、油菜、棉花，这些作物的根系深度大多在 20cm 左右。因此，红壤表层土壤水分含

量可反映土壤干旱状况。研究结果表明红壤耕地土壤水分在经过夏季的强消耗以后在秋季会得到补给，但是否补给和补给的程度取决于年降水量和年内降水的分布。在丰水年生长季末期农田土壤含水量能够恢复到生长季初期的水平，而在平水年则略低于生长季初期的土壤含水量，当处于枯水年时农田土壤水分则一直处于下降状态。

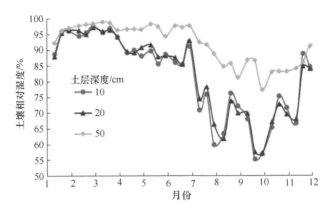

图 3.15　2000～2013 年湖口站耕地土壤相对湿度年内各月平均变化

2. 土壤水分空间变化特征

表 3.8 为 2010～2011 年龙南站花生地、婺源站油菜地和 2000～2013 年湖口站棉花–油菜地生长期土壤相对湿度旬值统计特征值。由表可得出，红壤耕地土壤水分随着土层深度增大，土壤含水量呈增加趋势，变异系数呈减少趋势。由此得出，红壤耕地土壤水分变化主要在表层 0～20cm 的耕作层，而 20cm 以下土壤水分变化不大。

表 3.8　土壤相对湿度旬值统计特征值

站点名称	土层范围/cm	相对湿度平均值/%	标准差	变异系数
龙南站花生地	10	94.30	8.93	0.09
	20	93.43	6.69	0.07
	50	97.91	3.20	0.03
	70	96.17	4.23	0.04
	100	98.35	1.19	0.01
湖口站棉花–油菜地	10	84.05	20.87	0.25
	20	84.42	19.12	0.23
	50	92.64	9.83	0.11
婺源站油菜地	10	92.76	11.59	0.12
	20	92.48	11.20	0.12
	50	95.95	6.40	0.07

3. 干旱过程中土壤剖面水分特征

土壤水分是红壤秋冬季农作物生长的主要限制因子。红壤耕地土壤水分的动态变化直接反映该区域干旱过程。江西冬季旱作主要为休闲地和油菜地。图 3.16 和图 3.17 分别列出了两种土地利用下干旱过程中 0～100cm 剖面含水量的分布情况，总的趋势是随着干旱进行，各土层含水量逐渐降低。含水量首先从表层开始降低，0～10cm 和 10～20cm 土层含水量降低速度很快；随着干旱持续，20～50cm 和 50～70cm 土层含水量开始明显降低；继续干旱持续到 40d，土层 50cm 处相对湿度才明显降低，但仍然保持了 94%左右的较高相对湿度。这一结果表明，作物主要利用了 0～50cm 土层的水分；当 50cm 处含水量明显降低的时候，作物已经受到了干旱胁迫的影响；当 70cm 处含水量明显降低的时候，土壤干旱对作物已经造成严重影响。Wang 等（2016）研究发现 50cm 的土壤湿度与作物产量存在显著的相关性。总之，红壤干旱过程中剖面水分最明显特征是 50cm 以下水分难以利用，这与红壤的持水和供水特征有关。同时，干旱过程中油菜地 20cm 处土壤含水量变动快，变化幅度较大，而 50cm 处土层含水量变化迟缓，幅度小，对干旱反应不敏感，因此干旱监测 20～50cm 含水量比监测表层含水量更有意义。

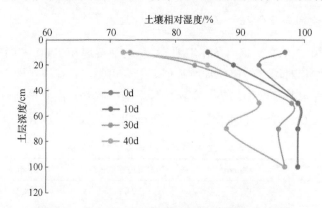

图 3.16　2010 年 10 月龙南站休闲地土壤干旱过程

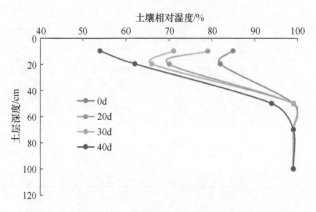

图 3.17　2010 年 10 月湖口站油菜地土壤干旱过程

4. 土壤水分对降雨的响应

久晴不雨，长期处于干旱状态，是红壤坡地土壤干旱的主要原因之一。因此，降水对红壤坡地干旱具有十分重要的影响。研究结果表明（表 3.9），红壤坡耕地土壤相对湿度对降水的响应随着土层的加深而减弱。0～50cm 土层相对湿度与降水量具有显著的相关性。王晓燕等（2007）基于时间序列分析法，同样得出了降雨对土壤水分的影响强度由表层到深层不断减弱的结论。同时可以发现，花生地休闲季土壤相对湿度与降水量的相应关系较其他用地类型要密切，这是由于花生地生长季和油菜地土壤相对湿度不仅与降水量有关，而且与植物截留和根系吸水有关。

表 3.9　土壤相对湿度与降水量的相关性

指标	土层深度				
	10cm	20cm	50cm	70cm	100cm
花生地休闲季 Pearson 相关性	0.799**	0.559*	0.533*	0.336	0.124
花生地生长季 Pearson 相关性	0.555**	0.372	0.409*	0.206	0.014
油菜地 Pearson 相关性	0.536**	0.401**	0.337*	0.310*	0.287

**在 0.01 水平（双侧）上显著相关；*在 0.05 水平（双侧）上显著相关，下同。

3.3.2　果园土壤水分分布规律

1. 时间分布规律

土壤水分作为土壤的组成部分以及"四水"（大气水、地表水、土壤水和地下水）转化的重要环节，其储存情况严重影响土壤中其他环境因子。因此，研究土壤含水量动态变化特征具有重要的意义。由于降雨的时间分布不均，以及气温具有很强的季节性，土壤水分年内分布也具有季节性。由图 3.18 可知，试验区果园 1～6 月随着降雨增加进入雨季，土壤含水量相对稳定在一个较高的水平；随着降雨减少和气温上升，进入 7 月之后土壤水分逐渐下降，至 9 月达到最低；之后由于气温的下降使得蒸散发减少，又上

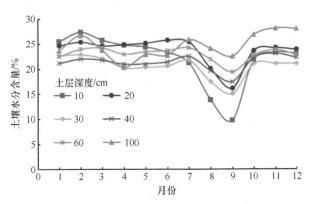

图 3.18　净耕果园土壤水分年内变化

升至 10 月达到平稳。表层 0~10cm 的土壤水分年内变异性很强，随着土壤深度的增加，土壤水分随时间的变化逐渐减弱。每年 7~9 月是柑橘果实膨大的需水关键期，该时期需水量约占其年需水量的 50%。但该时期土壤含水量却逐月下降至最低点，是影响果树生产的关键因素之一。

2. 空间分布规律

如图 3.19 所示，在土壤垂直方向上，柑橘园土壤水分基本随着土层深度的增加而增大，土壤深度越深，土壤含水量大多也越大。30cm 土层常出现含水量最小的情况，这可能和柑橘树根系水分利用有关。

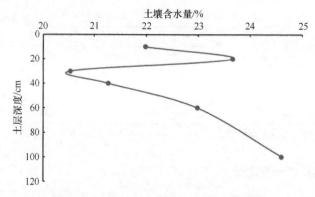

图 3.19　净耕果园土壤水分垂直分布特征

由图 3.20 可知，表层 0~20cm 土壤水分含量上中下不同坡位之间没有明显的差异。40~100cm 土壤深度均出现中坡土壤水分最小，而上坡和下坡土壤水分含量差异不显著。这表明，果园土壤水分在水平空间上差异性不明显，但在垂直空间上，土壤水分变化呈现高度的异质性。

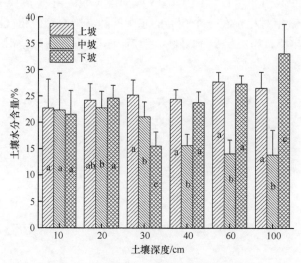

图 3.20　净耕果园土壤水分空间分布特征

3.3.3　林地土壤水分特征

选择泰和县老虎山小流域作为研究林地土壤水分特征的试验区。土壤为第四纪红土发育而成的红壤，地带性植被为中亚热带常绿阔叶林。因实施国家水土保持重点建设工程，多开挖竹节水平沟，种植马尾松、枫香、木荷等水土保持林。通过对马尾松纯林土壤的取样，研究其土壤水分特征，取样分 0～20cm、20～40cm、40～60cm 三个土层，通过烘干法测土壤容重和含水量。

1.　降雨量月际特征

试验周期为 2018 年 6 月至 2019 年 5 月，一年中泰和县老虎山小流域降雨量如图 3.21 和表 3.10 所示，月季分布特征呈现单峰型，6 月降雨量最大，达 304mm，最大日降雨量达 92.5mm。

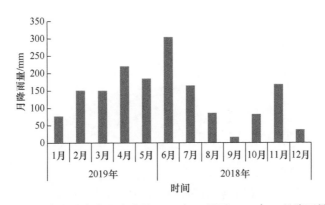

图 3.21　泰和县老虎山小流域 2018 年 6 月至 2019 年 5 月降雨量

表 3.10　泰和县老虎山小流域一年降雨特征

项目	2018 年							2019 年				
	6 月	7 月	8 月	9 月	10 月	11 月	12 月	1 月	2 月	3 月	4 月	5 月
降雨量/mm	304	165	86	16	82.2	168	37.4	76.7	150.2	150.1	219.9	184.8
降雨日数/d	14	11	13	4	17	16	16	12	18	21	23	19
最大日降雨量/mm	92.5	59	22	10	12.2	53.9	7.7	20.1	28.8	26.3	34.8	28.6

2.　土壤水分特征

从图 3.22 中可以看出，马尾松林地土壤水分含量较低，含水量为 7%～16%；土壤表层 0～20cm 含水量大于下层的 20～40cm 土层和 40～60cm 土层。裸露样地土壤含水量为 15%～26%，且呈现随着土层的增加含水量增大的趋势。总体而言，马尾松林地土壤水分含量低于裸地，说明其含水量受植物蒸腾作用影响较大。

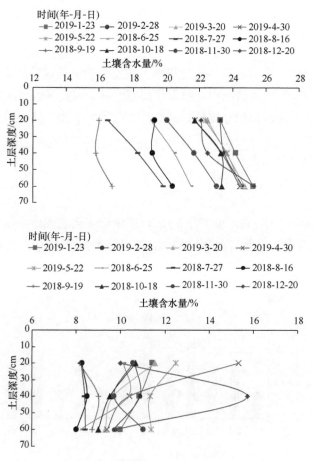

图 3.22 不同时间各土层土壤含水量

采用式（3.7）计算各土层的蓄水量：

$$W_i = w_i \times r_i \times h_i, \quad W = \sum W_i \qquad (3.7)$$

式中，W_i 为每层土壤水分储量，mm；W 为土壤水分总储量，mm；w_i 为土壤重量含水量，%；r_i 为每层土壤容重，g/cm³；h_i 为分层厚度，cm。

根据各月的取样测定，所得蓄水量结果如表 3.11 所示。

表 3.11 马尾松林地各土层蓄水量 （单位：mm）

月份	裸露地土层			马尾松林地土层		
	0～20cm	20～40cm	40～60cm	0～20cm	20～40cm	40～60cm
1	72.6±3.6	61.4±6.2	68.6±3.4	41.5±3.2	36.4±3.2	35.9±2.6
2	71.8±1.8	59.9±9.6	66.8±4.0	38.8±9.4	36.4±3.5	34.7±3.1
3	69.6±1.4	60.0±7.0	67.2±1.9	42.1±6.1	32.5±4.5	33.3±4.4
4	66.1±0.5	59.3±7.0	66.4±2.0	64.1±2.1	34.9±8.5	33.7±8.2
5	69.0±0.7	60.0±5.5	66.5±2.6	45.4±5.2	38.0±2.4	32.1±2.0

续表

月份	裸露地土层			马尾松林地土层		
	0～20cm	20～40cm	40～60cm	0～20cm	20～40cm	40～60cm
6	58.1±0.3	52.2±9.2	58.4±2.4	31±0.3	34.7±9.9	29.6±6.1
7	41.4±7.8	46.2±2.0	53.8±2.4	30.0±9.0	28.1±2.2	30.4±2.9
8	59.3±0.6	48.6±5.3	55.3±4.1	24.4±1.7	28.6±7.5	28.8±7.0
9	49.9±9.2	40.3±6.2	45.6±3.9	30.0±9.3	30.2±6.3	31.1±7.9
10	66.7±0.1	59.3±7.9	63.4±3.0	32.7±2.7	31.9±4.7	32.3±2.4
11	61.6±7.2	55.1±7.1	62.6±1.2	38.2±5.6	32.5±3.8	39.7±1.8
12	67.5±1.4	56.8±3.5	67.5±2.4	36.5±7.9	36.8±1.1	35.1±3.3

可以看出，马尾松林地的蓄水量为 81.7～132.7mm，裸地的蓄水量为 135.8～202.5mm，马尾松林地 0～20cm 土壤每月的蓄水量在 24～65mm 之间，40～60cm 土层的蓄水量分别在 28～40mm 之间，说明林地具有一定的蓄水能力。同时也可以看出，表层土壤蓄水量受降雨量影响，变化程度较大；下层的蓄水量比较稳定，但比裸地小。

3.4　径流输出分配规律

3.4.1　坡耕地径流输出特征

坡耕地作为南方普遍存在的一种旱作农用地开发利用方式，存在于广大的南方低山丘陵区，主要用以种植花生、大豆、油菜、红薯等旱作经济作物为主，为了更好地提炼坡耕地雨洪资源高效利用技术，本章节主要结合江西水土保持生态科技园内的坡耕地综合试验场（图 3.23），利用 2013～2016 年近 4 年的降雨以及传统顺坡垄作坡耕地产流数据，开展坡耕地产流特征分析，从而揭示坡耕地雨洪资源形成的机理以及规律，为雨洪资源的合理配置和高效利用提供数据支撑和理论依据。

图 3.23　江西水土保持生态科技园坡耕地综合试验场空中鸟瞰图片

1. 年际产流特征分析

选取传统顺坡垄作方式的坡耕地试验小区进行年际产流特征分析（图 3.24）。通过产流分析可以得到，传统顺坡垄作试验小区四年的平均径流系数为 17.56%，其中，径流系数最高的可达 23.87%，最小也可达 10.88%，传统顺坡垄作耕作方式，是广大农民群众在生产实践过程中，不断总结提炼得来的，通过垄作方式可进一步加高加厚种植作物所用活土层，进而增强了土壤的蓄水、保肥、防旱、除涝能力，同时可进一步促使农作物根系下扎，根系发达，促进农作物的生长，对于提升雨水资源的利用率起到了一定的促进作用，可进一步增强作物吸收水分和养分的能力。

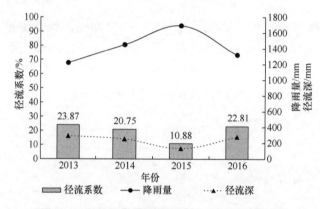

图 3.24 顺坡垄作坡耕地试验小区年际产流特征

通过对坡耕地试验小区近 4 年来的径流系数的对照分析，其年际的径流系数整体呈逐年降低的趋势，2016 年出现了个别增加的情况，这可能与 2016 年短时强降雨较多有关，据统计，短时强降雨雨型在 2016 年有 6 场，是 2013 年、2014 年及 2015 年相应雨型场次的 1.5~2 倍，并且主要集中在休耕期和花生的出苗期间，此阶段坡耕地处于作物生长初期或者裸露期，坡面拦蓄雨水资源的能力较差，并以超渗产流居多，从而减少了地表径流的截留入渗时间和成效。总体而言，在合理的人为农事活动下，通过对坡耕地的科学管理与施肥改良，对土壤的理化性质有一定的提升作用，有效提升了土壤水库的蓄积库容量，进而提高雨水资源的蓄积与利用率。

2. 年内产流特征分析

以上主要对坡耕地的年际产流特征进行了相关分析，为了更进一步地提炼坡耕地的产流特征，下面主要通过对年内坡耕地试验小区的产流特征进行分析研究。

1）基于月尺度的产流特征分析

通过对 2013~2015 年传统顺坡垄作小区的产流特征分析，从月尺度上来看，各小区的产流量主要集中在 4~9 月，均占到了全年小区侵蚀性降雨产流量的 82%以上，从

图 3.25 可以看出，产流量与降雨量的趋势基本一致，为了更好地阐明顺坡垄作试验小区年内各月的产流特征，本书对 2013～2015 年三年来的各月的平均产流情况进行了统计分析 [图 3.25（b）（c）（d）]，可以得出，月尺度的降雨量与产流特征存在着较好的正相关性。需要特别注意的是 3 月和 4 月以及 8 月和 9 月，虽然 3 月降雨量大于 4 月，但产流却 4 月更大，这与 4 月为油菜收获季节有关，当季大量的油菜被收割，坡耕地表面

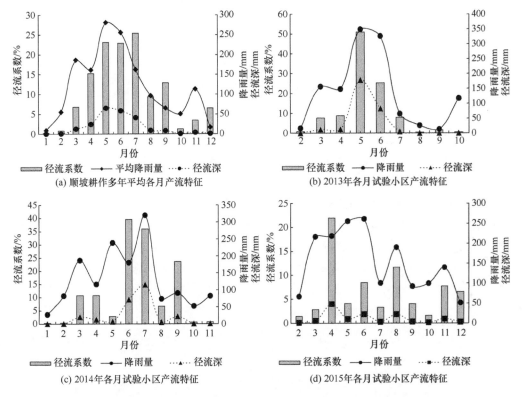

图 3.25　月产流特征图

裸露，无植被防护截留，致使 4 月的产流反而会较大；9 月份为花生收割以及整地时段，同样造成坡耕地地表覆盖全部清除，径流系数较 8 月份大 [图 3.25（a）]。从以上分析可以得到，坡耕地的产流特征不仅与降雨因子密切相关（图 3.26），坡耕地的农事活动对其产流特征的影响也较为显著，而 4～7 月的产流量占到了全年产流量的 87% 以上，此阶段为坡耕地雨水资源的主要蓄积利用阶段。

2）基于汛期与非汛期的产流特征分析

按照《江西省实施<中华人民共和国防洪法>办法》，本书将全年的降雨时段划分为汛期与非汛期，其中汛期为 4～9 月，非汛期为 10 月至翌年 3 月。

通过对汛期内传统顺坡垄作小区内的侵蚀性降雨事件的统计与分析，可以得到，2013 年、2014 年以及 2015 年汛期内的降雨量分别占到了全年侵蚀性降雨总量的 76.18%、

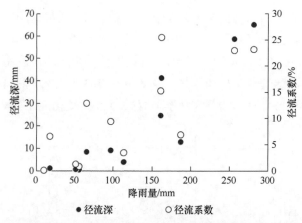

图 3.26 顺坡垄作多年平均月尺度降雨与产流特征关系图

70.29%和 67.95%；汛期内，顺坡垄作小区的产流量分别占到了全年产流量的 95.84%、91.58%和 82.81%。从图 3.27 可以得到，汛期内，各小区的产流特征与全年相似，径流系数均在 4%以上，最大的为 30.03%。

非汛期各年的降雨量均较小，均小于全年降雨量的 35%，2013 年、2014 年以及 2015 年分别占到了全年降雨量的 23.82%、29.72%和 32.05%，通过对各年非汛期内顺坡垄作试验小区的产流特征分析，非汛期内各小区的径流系数均在 5%以下，最大仅为 4.94%，最小的为 4.17%（图 3.27）。

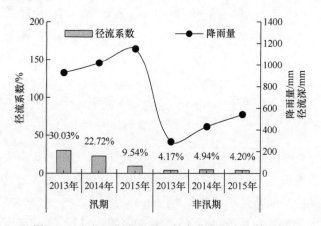

图 3.27 各年汛期非汛期顺坡垄作小区产流特征图

同时，从汛期与非汛期的年平均产流特征来看，汛期的径流系数为 20.02%，是非汛期径流系数（4.45%）的近 5 倍，坡耕地的产流主要集中在汛期阶段（图 3.28）。

3）基于单场降雨的产流特征分析

本书初步选定降雨量（p）、平均雨强（I_{ave}）、30 分钟最大雨强（I_{30}）、降雨历时（T）进行各小区产流与产沙的影响分析。采用灰色关联分析法对 2013～2016 年近四年的单

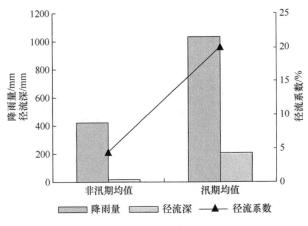

图 3.28　汛期与非汛期平均产流特征图

场侵蚀性降雨各项降雨特性指标与各小区的产流情况进行关联度分析（邓聚龙，1987），在一个完整系统发展的过程中，若两个因素变化的趋势具有一致性，即同步变化程度较高，即可谓二者关联程度较高；反之，则较低。因此，灰色关联分析方法是根据因素之间发展趋势的相似或相异程度作为衡量因素间关联程度的一种方法。通过关联度分析，得到顺坡垄作坡耕地小区产流量与降雨特性因子的关联矩阵，如表 3.12 所示，得到与产流量特征关联度最大的为 30 分钟最大雨强（0.7683），其次为降雨量（0.6698），再次为平均雨强（0.6622），最后为降雨历时（0.5886）。可见，影响径流产生的主要因素为 30 分钟最大雨强，其次为降雨量、平均雨强，最后为降雨历时。究其原因，30 分钟最大雨强主要反映短时强降雨的程度，短时强降雨有利于坡耕地坡面形成汇流沟谷，加上强降雨条件下，极易产生短时超渗产流，后期伴随着降雨量的加大，产流逐渐提升，在同一降雨强度的基础上，伴随着降雨历时的延长，产流逐渐递增。可见整个的坡耕地坡面产流特征受到多种因素的综合影响。

表 3.12　径流产流量与降雨特性因子的灰色关联矩阵表

关联系数	T/min	p/mm	I_{30}/mm	I_{ave}/（mm/h）
	0.5886	0.6698	0.7683	0.6622

4）不同作物轮作期坡耕地产流特征分析

坡耕地作为一种常用的旱作农用地，在南方红壤区主要采取轮作的方式经营，在这里本次受试的坡耕地试验小区为花生和油菜轮作方式，根据不同作物的生长物候期，开展不同作物轮作期间的坡耕地产流特征分析。

（1）油菜生长周期产流特征分析

结合试验区油菜的栽培管理制度，分别对各年油菜生长周期内的产流特征进行统计分析（图 3.29），得到：油菜的整个生长期内，单场降雨的径流系数均在 17%以下，最

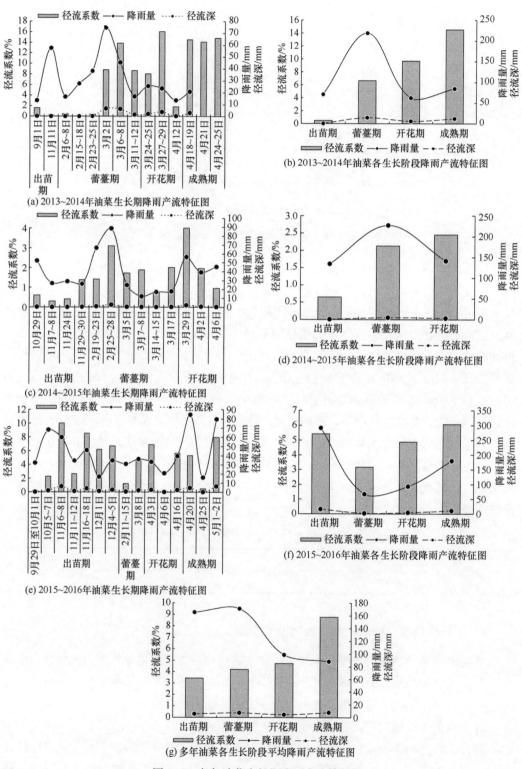

图 3.29　各年油菜生长期降雨产流特征图

小的还不到 0.01%，产流量均较小，从多年统计分析得到，油菜不同生长阶段的径流系数均低于 10%，整个生长期的径流系数为 3.4%～8.7%，整个油菜的生长物候期主要与非汛期较为一致，其产流量较小，入渗率高，从不同年份统计数据来看，2013～2014年，出苗期的径流系数最小，成熟期的径流系数最大，2015～2016 年油菜生长周期内，出苗期的径流系数较大，出现此现象可能与该阶段降雨量大（290.9mm），并伴有短时强降雨有关，从而造成径流系数的增大。但是从多年总趋势上来看，其径流系数存在出苗期<蕾薹期<开花期<成熟期的趋势。

在整个油菜生长的过程中，其径流系数均较小，对于雨水资源的利用率相对均较高，同时发现，鉴于种植的为冬油菜，冬油菜出苗期较长，一般占全生育期的一半或一半以上，其出苗率直接影响到后期油菜的产量以及质量，做好出苗期的供水对于后期的油菜生长至关重要，从试验结果来看，出苗期、开花期作为油菜生长最为旺盛期，其径流系数仅有 4.5%，拦截入渗率高达 95.5%。

（2）花生生长周期产流特征分析

从花生整个生长周期内的产流特征来看（图 3.30），花生的生长周期与汛期时段基本吻合，受汛期降雨量大影响，花生各生长阶段的径流系数较油菜生长周期均较大，

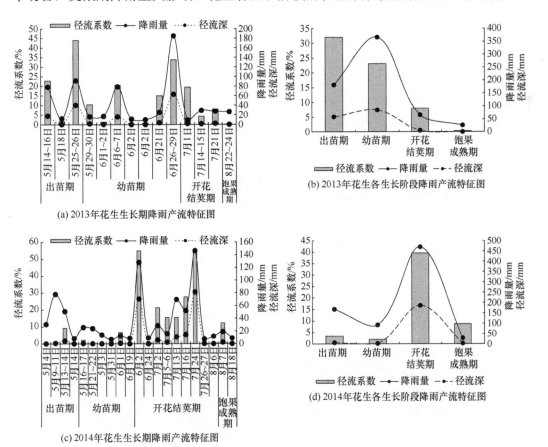

(a) 2013年花生生长期降雨产流特征图

(b) 2013年花生各生长阶段降雨产流特征图

(c) 2014年花生生长期降雨产流特征图

(d) 2014年花生各生长阶段降雨产流特征图

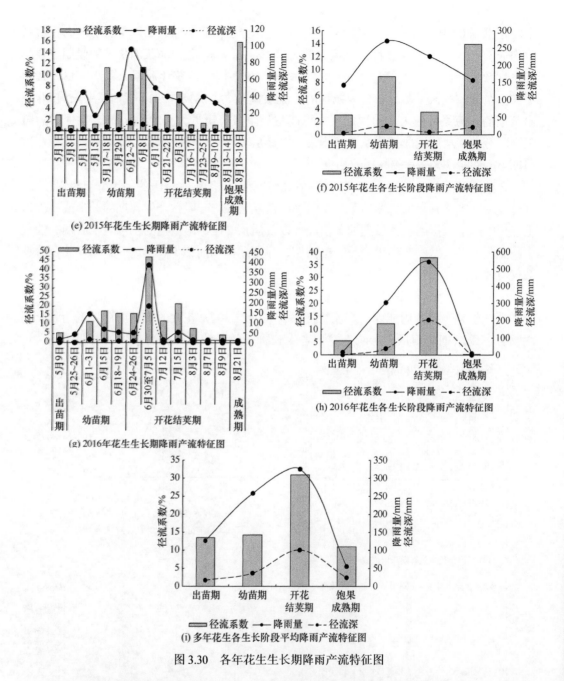

图 3.30　各年花生生长期降雨产流特征图

其中开花结荚期的径流系数较大，单场降雨的径流系数可达 55%左右，在各生长阶段内的单场降雨产流特征趋势不明显。花生整个生长周期的径流系数为 11%～31%，其中，花生幼苗期和开花结荚期这两个需水量较大的时段，正好与汛期降雨量集中时段一致，如果可以采取有效措施，将进一步减少径流系数，从而提升雨水就地集蓄利用率。

（3）休耕期产流特征分析

结合前面两种作物的生长周期分析，两种作物轮作之间，存在着一定的休耕期间隔，主要在 5 月和 9 月，结合 2013～2015 年休耕期的产流数据分析得到（图 3.31），休耕期阶段坡耕地小区的径流系数极高，特别是 2013 年 5 月，其径流系数高达 78%，其余年份的休耕期的径流系数也接近于 20%，此阶段正好处于汛期的始末月份，降雨量较大，由于没有采取合理的水土保持有效措施，此阶段水土资源极易丧失，在进行坡耕地雨水资源有效利用的过程中，可通过布设坡面水系工程或者合理使用生物敷盖措施，可实现雨水资源的合理利用和土壤水分生产力的提升。

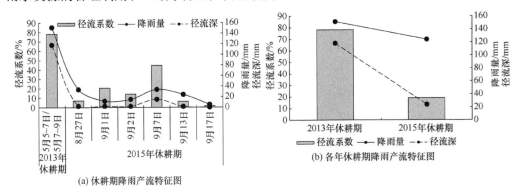

(a) 休耕期降雨产流特征图

(b) 各年休耕期降雨产流特征图

图 3.31　休耕期降雨产流特征图

3.4.2　果园径流输出分配规律

1. 果园坡面径流输出规律

红壤坡地被开发果园利用后，随着果树生长年限的增加，径流量迅速地减少，同时年径流量对降雨的响应程度也在减弱。图 3.32 为果园净耕坡面 2001～2015 年坡面地表产流过程。由图 3.32 可知，柑橘坡面地表产流年平均为 190.21mm，其年径流变化起伏过程与年降雨量变化起伏过程趋势基本一致。

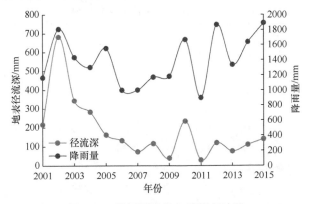

图 3.32　柑橘园坡地产流演变过程

由图 3.33 可知，柑橘园坡面随着柑橘树从幼树期、初果期到盛果期，坡面产流系数逐渐减少。柑橘种植前 4 年的幼树期，柑橘园区径流系数最大，年平均径流系数约为 28%，且年际间变化幅度大；随着果树树冠、根系的生长，柑橘树进入盛果期，该期径流系数平均约为 7.1%，且年际间变化不大。柑橘园在栽植初期，由于果树幼苗树冠小，根系不发达，对降雨的调节能力不强，涵养水源的能力较弱，降雨形成径流易造成严重的水土流失问题，地表覆盖度低是导致红壤果园幼树期水土流失的主要因素之一。遇到降雨量小的年份，又容易形成干旱灾害。

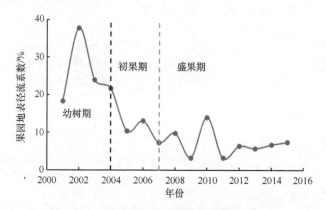

图 3.33　柑橘园坡面产流径流系数变化过程

红壤区果园雨水径流资源与季节的关系十分密切，不同的季节降雨量不同，同时果树生长也存在差异，导致地表径流的大小也不一样。由表 3.13 可知，试验区柑橘园平均月产流量最大为 8 月，该月平均产流量为 35.9mm，其次为 4 月和 5 月，产流量分别为 34.4mm、34.3mm，最小为 1 月，产流量仅为 1.4mm。3~8 月每年平均地表产流总量为 160.1mm，占全年产流量的 87.27%，主汛期 4~6 月地表产流 87.1mm，约占全年产流量的 47.50%。由此可知，试验区柑橘果园坡面地表产流年内分配不均，其产流主要集中在梅雨季。

表 3.13　柑橘坡面地表产流年内分配　　　　　　（单位：mm）

年份	1 月	2 月	3 月	4 月	5 月	6 月	7 月	8 月	9 月	10 月	11 月	12 月
2001	7.2	1.0	10.9	51.8	2.8	12.8	38.1	80.4	1.2	2.3	4.6	3.0
2002	4.2	3.9	14.8	130.3	262.5	20.0	134.4	50.2	28.0	4.4	8.4	20.8
2003	0.8	9.7	25.0	140.2	58.4	76.1	24.8	0.3	4.1	2.3	0.8	1.2
2004	1.0	1.3	1.2	3.4	40.5	13.3	6.7	212.4	0.0	0.0	1.9	1.0
2005	1.4	4.6	4.9	24.3	26.1	27.8	19.4	31.2	2.1	16.3	2.7	0.0
2006	1.6	5.4	2.3	55.5	10.6	10.7	3.2	38.9	0.6	0.4	1.6	0.0
2007	1.5	1.3	6.6	3.2	9.7	20.8	18.3	10.4	1.2	0.0	0.0	0.0
2008	0.6	0.6	1.3	6.2	1.0	6.6	36.1	39.5	0.4	19.3	3.1	0.0
2009	0.0	4.1	3.6	4.8	6.9	4.6	2.5	7.6	0.0	0.0	2.4	2.4

年份	1月	2月	3月	4月	5月	6月	7月	8月	9月	10月	11月	12月
2010	0.0	45.8	76.5	38.4	22.2	8.6	16.7	7.3	9.9	6.1	0.0	2.5
2011	0.8	0.0	0.2	0.0	4.7	17.0	0.6	5.2	0.3	0.0	0.0	0.0
2012	1.7	2.5	26.0	15.6	9.4	7.9	11.5	8.4	29.3	1.3	4.6	1.5
2013	0.0	0.5	4.9	6.7	33.7	23.4	4.2	0.5	0.8	0.0	1.5	0.0
2014	0.1	2.8	2.8	3.8	8.5	12.0	51.5	8.4	16.3	1.8	1.9	0.0
2015	0.0	5.9	5.1	32.4	17.2	14.3	2.0	37.5	16.8	2.1	5.0	1.4
平均	1.4	6.0	12.4	34.4	34.3	18.4	24.7	35.9	7.4	3.8	2.6	2.3

　　果树在生长期内各个物候期的需水不同，对坡面产流的影响也各不相同。图 3.34 为试验区柑橘进入产果后的 2006~2015 年，坡面产流在柑橘各物候期内的分配。由图 3.34 可知，在柑橘树的萌芽催花期和坐果抗逆期，坡面产流量较大，降雨量也较大；而在柑橘成熟期，坡面产流量却较小，其相应的降水量也较小。水分是影响柑橘优质高产最重要的生态因子之一。柑橘在年生长周期中需水的关键期是果实细胞分裂期和迅速生长后期的 7~9 月，也即柑橘果实膨大期，又是夏、秋梢抽生期，但该时期坡面可利用的雨水资源较少，容易受季节性干旱的影响。因此，需要采取有效措施，调蓄雨季降雨坡地径流，合理分配坡面径流资源，并形成有效的灌溉。同时需要研究柑橘对水分胁迫的反应特点和抗旱机理，提高其水分利用率和利用效率，有利于发展节水、优质、高产、高效型果业，从而获得较好的果品产量和质量。

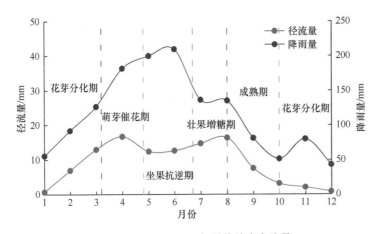

图 3.34　2006~2015 年月均地表产流量

2. 果园净耕降雨–产流关系

　　临界产流降雨量，也称"降雨阈值"或"临界降雨"，是指正好能产生径流的最小降雨量。临界产流降雨量是雨水集流系统设计的重要参数。"发生产流的降雨量临界值"是一个非常复杂的命题，这里所讲的产流是指整个径流场的产流，它能够在径流场的出口处被量测到。临界产流降雨量利用 Fink 等（1979），Fink 和 Frasier（1977）和 Diskin（1970）所采用的直线回归法确定。

$$Q=k\times(P-a) \tag{3.8}$$

式中，Q 为径流深，mm；P 为次降雨量，mm；k 和 a 为回归系数。

由图 3.35 可知，柑橘园坡地盛果期汛期径流系数仅为 0.087，地表产流临界值为 12.22mm。而裸地的径流系数可达 0.473，临界降雨量为 7.99mm，由此可知，柑橘树冠对降雨具有一定的拦截作用。

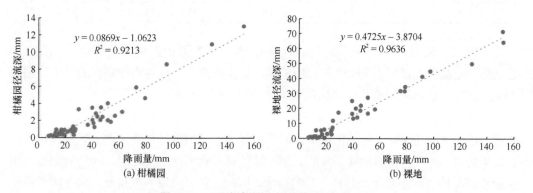

图 3.35　汛期柑橘园和裸地降雨-产流关系

3. 坡面径流输出影响因素

径流的产生与降雨量、降雨强度、降雨时空分布等有着密切的关系。由图 3.36 可知，2010～2015 年柑橘园坡面次降雨量与产流量的关系基本呈幂函数关系（$P<0.001$）。由此可知，红壤果园坡面产流量随着降雨量的增加而增加，但次降雨量与坡面产流为非线性关系。由图 3.36 还可以看出，柑橘园坡面产流的最小降雨量为 6.9mm，而相关研究表明，柑橘的冠层对降雨的截留作用平均为 6.2mm，这两者数值非常接近。

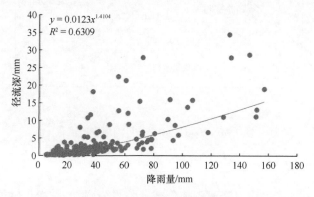

图 3.36　次降雨-产流关系图

由图 3.37 可知，柑橘园坡面径流系数在 25% 以上的降雨量均出现在 20～70mm，而降雨量大于 80mm 坡面径流系数仅在 6%~20%。这主要是由于该区短历时的强降雨产流事件的降雨量主要为 20~70mm。短历时强降雨的坡面产流主要为超渗产流，从而导致坡面径流系数较大。而降雨量在 80mm 以上的降雨主要为长历时小雨强降雨，其产流模式主要为蓄满产流，坡面产流过程平缓，径流系数一般不会太大，但产流总量会较大。

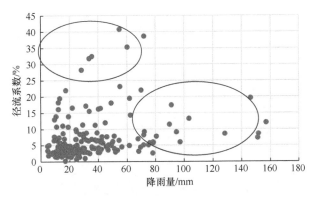

图 3.37　园地次降雨–产流系数关系图

由图 3.38 可知，多年平均月降雨量和产流量具有极显著的幂函数关系（$P<0.0001$）。研究还表明，在时间长达年尺度上，降雨量和产流量的相关性不强。这说明柑橘园坡面产流是降雨量和降雨强度综合作用的结果。

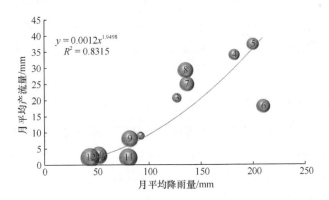

图 3.38　多年平均月降雨–产流关系图

由表 3.14 可知，次降雨尺度上，柑橘园地表径流量受降雨强度的影响远没有受降雨量的影响大，这是土壤剖面并不深厚、土层相对疏松的南方地区的普遍现象。

表 3.14　次降雨特征与产流量的相关性

项目	降雨历时	降雨量	雨强
径流深	0.170*	0.762**	0.196**
径流系数	−0.141*	0.290**	0.424**

表 3.14 显示,径流系数与降雨历时呈负相关。图 3.39 也显示,降雨历时大于 1600min 时,其地表径流系数均小于 10%。而径流系数大于 22%的降雨历时均小于 1000min。这主要是由于地表径流系数对雨强大小的响应主要与雨型有关,而雨型将影响柑橘园地表产流模式。

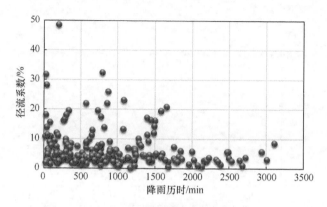

图 3.39 降雨历时–径流系数关系图

3.4.3 林地径流输出特征

1. 总径流输出特征

主要收集到了 2010~2011 年的马尾松林 30 场次降雨数据,通过对马尾松纯林(PT)小区次降雨产流数据的整理与分析,马尾松纯林(PT)小区 30 场次降雨的总径流深为 209.36mm,径流系数为 34.92%,与裸露对照(CK)小区的总径流深 262.28mm 和径流系数 43.75%相比,仅相差 52.92mm 和 8.83%,差异不明显。

2. 次降雨径流输出特征

如图 3.40 所示,各试验小区次降雨量与产流量具有较好的一致性,PT 小区和 CK 小区降雨量与产流量的相关系数分别为 0.95 和 0.98,均呈极显著性相关(P<0.01),PT 小区的相关系数均略低于 CK 小区。如图 3.41 所示,PT 小区和 CK 小区的次降雨量与产流量的关系分别可用一元一次和一元二次回归模型表达,CK 小区的可决系数大于 PT 小区,这是因为马尾松纯林小区相比裸露对照小区增加了地表的森林郁闭度,在一定程度上减弱了降雨对地表的直接打击,同时由于树冠截留的作用,降低了降雨对产流的影响作用。

3. 不同雨型产流输出特征

如表 3.15 所示,小雨型下,PT 小区的径流深为 3.42mm,是 CK 小区的 44.02%,从占总径流深上来看,PT 小区的径流深仅占到了总径流深的 1.63%,略低于 CK 小区的

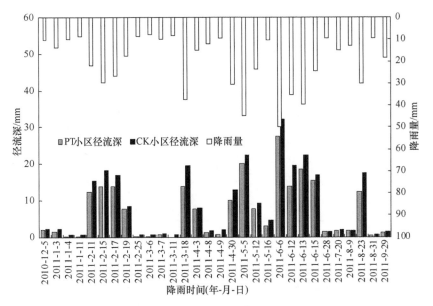

图 3.40　马尾松纯林小区与裸露对照小区次降雨产流数据

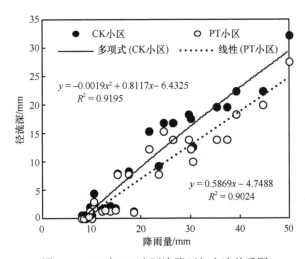

图 3.41　CK 与 PT 小区次降雨与产流关系图

2.96%，马尾松纯林小区在小雨型下，具有一定的减流效果，在整个降雨过程的产流占有比例方面均低于裸露对照小区；中雨型下，PT 小区的径流深为 62.57mm，是 CK 小区的 85.45%，从占总径流深比例上来看，PT 小区的径流深仅占到了总径流深的 29.88%，要略高于 CK 小区的 27.91%，马尾松纯林小区在中雨型下，减流成效较小雨型有所降低，在整个降雨过程的产流占有比例方面略高于裸露对照小区；大雨及以上雨型下，PT 小区的径流深为 143.38mm，是 CK 小区的 79.09%，从占总径流深比例上来看，PT 小区的径流深仅占到了总径流深的 68.47%，要略低于 CK 小区的 69.12%，马尾松纯林小区在大雨及以上雨型下，减流成效介于小雨型和中雨型之间，在整个降雨过程的产流占有比例方面，略低于裸露对照小区。不同雨型下，马尾松纯林小区与裸露对照小区略有不同，中雨型下产流量占整体的比例均高于裸露对照小区，减流成效以小雨型最高，超过了50%，其次为大雨及以上雨型，为20.91%，最低的为中雨型，为14.55%，可见，中雨型下，马尾松林下水土流失表现最为突出。

表 3.15　不同降雨类型下裸露对照小区和马尾松纯乔小区径流输出特征

小区编号	小雨			中雨			大雨及以上		
	径流深/mm	占总径流深比例/%	径流系数/%	径流深/mm	占总径流深比例/%	径流系数/%	径流深/mm	占总径流深比例/%	径流系数/%
CK	7.77	2.96	9.57	73.22	27.91	37.53	181.29	69.12	56.09
PT	3.42	1.63	4.21	62.57	29.88	32.07	143.38	68.47	44.36

通过对不同雨型下的次降雨与产流数据分析得到：小雨型下，PT 小区和 CK 小区的降雨量与产流量相关性均不显著；中雨型和大雨及以上雨型下，PT 小区和 CK 小区次降雨量与产流量之间均呈极显著性相关（$P<0.01$），PT 小区在降雨量与产流量的相关系数方面均大于 CK 小区；PT 小区各相关系数基本上伴随着雨型的提升，呈现递增趋势（表 3.16）。

表 3.16　不同降雨类型下裸露对照小区和马尾松纯乔小区降雨量与产流量关系

小区	降雨量与产流量相关系数（R）		
	小雨型	中雨型	大雨及以上
CK	0.456	0.785**	0.883**
PT	0.630	0.790**	0.889**

对呈显著性相关的降雨量和产流量进行关系建模发现，马尾松纯乔小区的次降雨量与产流量的关系模型均可用一元二次回归模型表示，关系模型如表 3.17 所示。

表 3.17　不同降雨类型下马尾松纯乔小区降雨量与产流量关系模型

雨型	模型
中雨	$y = 0.0556x^2 - 1.1497x + 7.9783$ $R^2 = 0.6732$
大雨及以上	$y = 0.0364x^2 - 2.1626x + 44.726$ $R^2 = 0.9251$

3.5　泥沙输出分配规律

3.5.1　坡耕地侵蚀产沙特征

1. 顺坡垄作坡耕地产沙特征

通过对多年来不同雨型产沙的统计分析得到（表 3.18），顺坡垄作作为传统的坡耕地耕作方式，减沙率则以中雨的最大为 88.38%，暴雨雨型产沙反而大于裸露对照小区，这也说明了顺坡垄作小区虽产流量较裸露小区有所减少，但是其携带泥沙量较大，这正也说明了顺坡垄作这一耕作方式，在暴雨雨型下，其减沙效果欠佳。

表 3.18　不同雨型下的坡耕地产沙情况　（单位：%）

小区	中雨				大雨				暴雨				大暴雨			
	产流量		产沙量		产流量		产沙量		产流量		产沙量		产流量		产沙量	
	占总径流深比例	减流率	占总单位面积侵蚀量比例	减沙率	占总径流深比例	减流率	占总单位面积侵蚀量比例	减沙率	占总径流深比例	减流率	占总单位面积侵蚀量比例	减沙率	占总径流深比例	减流率	占总单位面积侵蚀量比例	减沙率
裸露对照	2.07	0	5.86	0	11.68	0	20.49	0	25.00	0	24.17	0	61.26	0	49.48	0
顺坡垄作	2.06	17.32	1.42	88.38	10.15	27.7	7.94	81.4	20.22	32.80	52.32	−3.75	67.57	8.36	38.32	62.8

通过对单场降雨特征以及产沙数据的相关性分析得到，如表 3.19 所示，顺坡垄作产沙与降雨特征存在极显著性相关。为了进一步探析各降雨特征因子与产沙的关系，对呈显著性相关的因子与产沙进行了不同线性模型的拟合，如图 3.42 所示。

表 3.19　顺坡垄作坡耕地单位面积侵蚀量与降雨特性因子的相关系数表

措施名称	相关系数	T/h	p/mm	I_{ave}/（mm/h）	EI_{30}/［MJ·mm/（hm²·h）］	E/（MJ/hm²）	I_{30}/（mm/h）	R/mm
顺坡垄作	径流深/mm	0.56**	0.87**	0.06	0.78**	0.89**	0.35**	1
	单位面积侵蚀量/（t/km²）	0.22*	0.48**	0.57**	0.47**	0.52**	0.39**	0.54**

注：T 表示降雨历时，p 表示降雨量，I_{ave} 表示平均雨量，EI_{30} 表示降雨侵蚀力，E 表示降雨动能，I_{30} 表示最大 30 分钟雨强，R 表示径流深。

2. 坡耕地植物篱产沙特征

坡耕地降雨侵蚀发生强度的分布特征是降雨侵蚀特征的一个重要内容。由表 3.20 可知，研究区降雨侵蚀量主要发生在少数几次降雨事件，大多数的降雨不产生地表径流和泥沙。如 2017 年 9 月 10～11 日的降雨事件，无植物篱和有植物篱试验区侵蚀泥沙量可分别占全年侵蚀总量的 33.52%和 35.38%。而 2017 年的 5 月 3～4 日降雨事件，无植物篱和有植物篱试验区侵蚀泥沙量可分别占全年侵蚀总量的 22.01%和 17.35%。这两次降雨侵蚀总和可占全年侵蚀泥沙量的 50%以上。虽然这两次强烈的降雨侵蚀的降雨量和降雨强度均处于中等，但这两次降雨事件发生时其地表覆盖均为休耕裸露。降雨的随机不确定性，给水土流失防治带来很大的困难。但对于红壤坡耕地的水土流失防治来说，休耕期和作物苗期的水土保持工作是重中之重，需要引起重视。

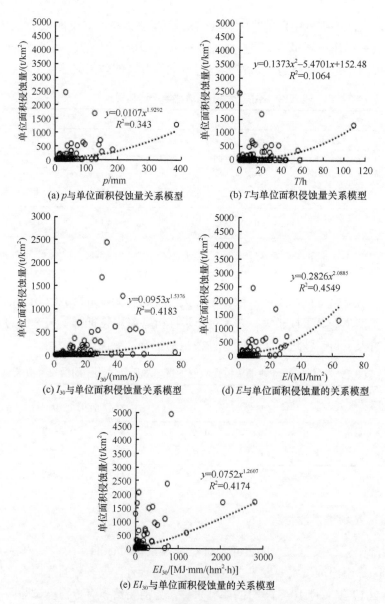

图 3.42 顺坡垄作方式不同降雨特征与产沙的关系驱动模型

表 3.20 不同试验小区降雨–侵蚀分布特征

侵蚀等级	无植物篱		有植物篱	
	侵蚀总量/kg	发生次数	侵蚀总量/kg	发生次数
0~20kg	53.17	26	47.28	25
20~40kg	21.96	1	25.79	1
40~60kg	100.20	2	40.53	1
>60kg	89.64	1	74.48	1

　　降雨是坡面土壤侵蚀的动力。下垫面也将影响坡面侵蚀产沙特征。降雨量大雨强小和降雨强度大雨量小时均可产生较为强烈的侵蚀。对比有无植物篱技术试验小区可知，有植物篱降雨–侵蚀气泡图的小圆点数量明显小于无植物篱，可知植物篱技术可有效防治轻度侵蚀（图 3.43）。

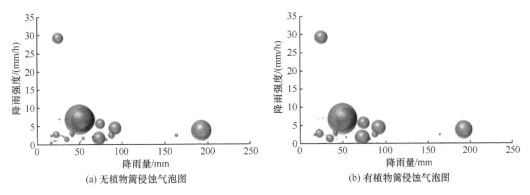

(a) 无植物篱侵蚀气泡图　　　　　　　　　　(b) 有植物篱侵蚀气泡图

图 3.43　次降雨事件下降雨–侵蚀气泡图

　　地表径流是坡面输沙的直接动力。由图 3.44 可知，无论是有植物篱还是没有植物篱试验小区的次降雨地表径流与泥沙输出均呈良好的幂函数递增关系。这和有关学者在红壤其他地区研究结论相一致。由此可知，地表产流对于红壤坡耕地土壤侵蚀输沙具有重要的影响，需要采取有关措施减少地表径流的产生从而减少泥沙的输出。

　　研究表明，不同雨型之间水土流失强度有显著差异，其中降雨量等级分析是研究的前提。根据 2017 年 1 月至 2018 年 6 月降雨–侵蚀数据，研究区试验期内发生土壤侵蚀主要为 50～100mm 的降雨事件，其次为 25～50mm 的降雨事件。研究区无植物篱土壤侵蚀量最大的雨型为 50～100mm，其次为 25～50mm；而种植植物篱后土壤侵蚀量最大的雨型为 25～50mm，其次为 50～100mm（表 3.21）。随着降雨等级的增加，植物篱对泥沙的拦截量逐渐增加。这表明，植物篱可有效减少坡面泥沙输出。需要指出的是，尽

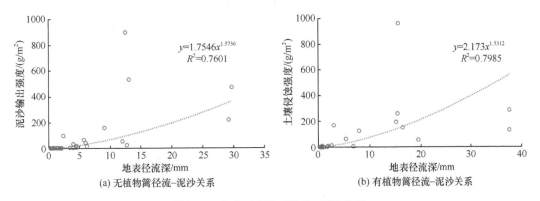

(a) 无植物篱径流–泥沙关系　　　　　　　　　(b) 有植物篱径流–泥沙关系

图 3.44　次降雨事件下径流–泥沙关系

表 3.21 不同雨型下土壤侵蚀分布特征

降雨量等级	无植物篱			有植物篱		
	侵蚀降雨量/mm	侵蚀次数	泥沙量/kg	侵蚀降雨量/mm	侵蚀次数	泥沙量/kg
10～25mm	145.5	7	14.68	116.5	6	13.75
25～50mm	313.7	9	95.61	317.9	9	82.62
50～100mm	823.8	12	107.02	772.7	11	79.57
≥100mm	355.2	2	47.65	355.2	2	12.13
合计	1638.2	30	264.96	1562.3	28	188.07

管≥100mm 的降雨事件出现了 2 次，但其降雨时间均为 6 月底至 7 月初，该时期正是花生的结荚期，地表覆盖度可达 80%以上，致使无论是无植物篱还是有植物篱试验小区的土壤侵蚀强度都不大。由此可知，除了降雨因素外，坡耕地地表覆盖也是影响水土流失极为重要的因素。

不同月份降雨量和作物生长期均有所不同，这将造成坡面泥沙输出具有很大的差异。由表 3.22 可知，研究区各试验小区坡面土壤侵蚀主要发生在 5～9 月，该时期可占全年侵蚀量的 96.63%以上，而该时期降雨量只占全年降雨量的 67.95%。研究区 5～9 月的平均降雨强度 1.59～3.65 mm/h，较其他月份的降雨强度大。9 月为花生收获后的休耕

表 3.22 2017 年 1 月至 2018 年 6 月降雨–侵蚀分布

年份	月份	降雨量/mm	平均雨强/（mm/h）	无植物篱泥沙量/kg	有植物篱泥沙量/kg	生长期
2017	1	39.7	0.66	0.00	0.00	苗期–蕾薹期
	2	49.8	0.93	0.00	0.00	蕾薹期
	3	253.2	1.23	7.23	1.58	开花期
	4	152.0	1.97	1.64	1.06	角果发育成熟期
	5	138.9	1.89	53.58	40.84	休闲–出苗期–幼苗期
	6	406.9	1.59	48.12	12.85	幼苗期–开花期
	7	252.8	3.65	18.03	5.77	结荚期
	8	333.4	2.94	41.15	43.59	饱果成熟期
	9	118.0	2.58	93.19	79.31	休闲期
	10	18.3	0.44	0.00	0.00	休闲–苗期
	11	44.1	0.54	0.00	0.00	苗期
	12	32.5	0.62	0.00	0.00	苗期
2018	1	81.7	0.50	0.00	0.00	苗期–蕾薹期
	2	48.5	1.29	0.02	0.00	蕾薹期
	3	150.3	1.15	0.06	0.02	开花期
	4	157.2	1.66	0.03	0.00	角果发育成熟期
	5	238.0	1.86	1.93	1.95	休闲–出苗期–幼苗期
	6	111.7	1.83	0.00	0.00	幼苗期

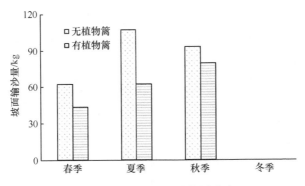

图 3.45　不同季节土壤侵蚀分布

期，该时期坡面地表裸露且为台风雨多发期。因此，需要加强该时期的地表管理，采取有效措施增加地表覆盖。相比于无植物篱试验小区，采用植物篱技术试验小区的土壤侵蚀输沙量有较为明显地减少，坡面土壤侵蚀模数由 2630t/(km²·a)下降至 1851t/(km²·a)。

综合降雨和下垫面的差异，分析土壤侵蚀在不同季节分布有助于对水土流失防治措施布设。由图 3.45 可知，在冬季（12 月至翌年 2 月），由于降雨量较少且大多属于雨强小的降雨事件，且该时期油菜处于苗期和蕾薹期，植被覆盖度可达 50%以上，因此冬季坡面土壤侵蚀量最小。夏季（6~8 月）时期降雨量大且降雨强度大，而前期 6 月花生处于幼苗期，地表覆盖度还较低，使得该时期的土壤侵蚀强度较大，是水土流失防治的关键时期。对比有无植物篱试验小区可知，植物篱技术水土流失防治效率冬季最大，其次为秋季，夏季最小，即随着季节降雨量的增加，植物篱技术防治水土流失效率减弱。

由上可知，红壤坡耕地水土流失受降雨量、降雨强度和下垫面的综合作用，水土流失防治的关键时期是夏季的休闲期和作物幼苗期。尽管降雨量与输沙量无明显的定量关系，但地表径流与坡面输沙具有很好的幂函数关系，在坡耕地的侵蚀防治中，可有针对性地采取径流截留措施。

3.5.2　果园侵蚀产沙特征

裸地和净耕柑橘园 2001~2015 年平均土壤侵蚀模数分别为 4745.05t/(km²·a)、1635.84 t/(km²·a)，其中幼树期分别为 6806.89t/(km²·a)、4907.56 t/(km²·a)。这表明净耕措施在果园建设初期存在非常严重的水土流失问题，需要增加防治措施。t 检验分析表明，裸地和净耕果园间径流量和土壤侵蚀模数差异显著（$P<0.05$）。净耕柑橘园坡面土壤侵蚀模数的 Mann-Kendall 秩相关系数为–3.07，这表明随着实施年限的增加，土壤侵蚀模数呈显著的幂函数减少趋势。由图 3.46 可知，在柑橘园实施后的第 4 年，即果树进入初果期，坡面土壤侵蚀量得到有效控制；在第 7 年，即果树进入盛果期，土壤侵蚀量已控制在红壤区允许量以内 [<500t/(km²·a)]，流失量也逐渐趋于稳定。由此可知，红壤坡地果园前 4 年（即幼树期）是果园水土流失防治的关键时期。2001~

2015 年坡地各月份产沙动态趋势（图 3.46）表明，试验坡面侵蚀量年内分布极不均匀，4～9 月是坡面泥沙侵蚀的主要月份，其占全年侵蚀量的 64.49%～99.96%，多年平均为 91.62%，与降雨分布基本一致。其中 7 月和 8 月是坡面产沙最大的月份。由此可知，7 月和 8 月是强降雨高发期，也是坡地果园水土流失防治的关键期。

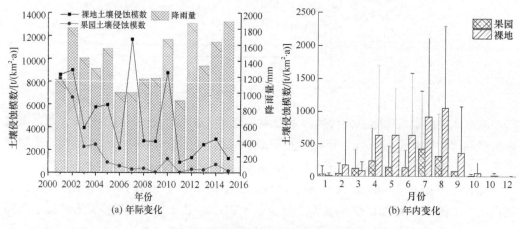

图 3.46　坡面产沙年际与年内变化

3.5.3　林地侵蚀产沙特征

1. 总产沙特征

通过对马尾松纯林（PT）小区次降雨产沙数据的整理与分析，马尾松纯林（PT）小区 30 场次降雨的总单位面积侵蚀量为 1721.28t/km²，与裸露对照（CK）小区的总单位面积侵蚀量 2692.19t/km² 相比，相差 970.91t/km²，差异较明显。

2. 次降雨产沙特征

如图 3.47 所示，各试验小区次降雨量与产沙量具有较好的一致性，PT 小区和 CK 小区的降雨量与产沙量的相关系数分别为 0.92 和 0.94，呈极显著性相关（$P<0.01$），PT 小区的相关系数略低于 CK 小区。如图 3.48 所示，PT 小区和 CK 小区的次降雨量和产沙量的关系均可用一元二次回归模型表达，在关系模型中，CK 小区的可决系数大于 PT 小区，这可能是因为马尾松纯林小区相比裸露对照小区增加了地表的森林郁闭度，在一定程度上减弱了降雨对地表的直接打击，同时由于树冠截留的作用，降低了降雨对产沙的影响作用。如图 3.49 所示，从产流量与产沙量的关系模型上看，CK 小区为幂函数回归模型，PT 小区为一元二次回归模型，从模拟曲线上看，裸露对照小区伴随着产流量的加强，产沙量增幅减小，而马尾松纯林小区，伴随着后期的产流增加，产沙量增幅显著，通过对 30 场次降雨的产沙数据的显著性检验得到，马尾松纯林小区与裸露对照小区在次降雨产沙方面差异性极显著（$P<0.01$）。

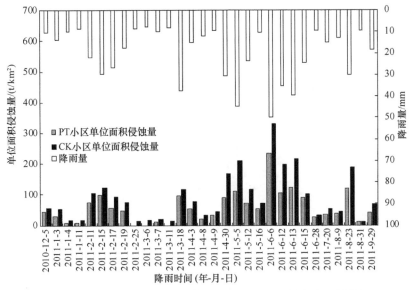

图 3.47　马尾松纯林小区与裸露对照小区次降雨量与产沙量数据

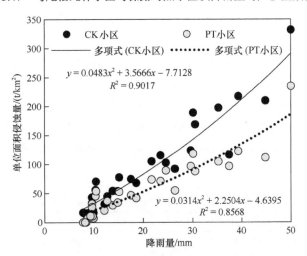

图 3.48　CK 与 PT 小区次降雨量与产沙量关系图

3. 不同雨型产沙特征

如表 3.23 所示，小雨型下，PT 小区的单位面积侵蚀量为 94.79t/km²，是 CK 小区的 50.07%，从占总单位面积侵蚀量上来看，PT 小区的单位面积侵蚀量占到了总单位面积侵蚀量的 5.51%，略低于 CK 小区的 7.03%，马尾松纯林小区在小雨型下，具有一定的减沙效果，在整个降雨过程的产沙占有比例方面低于裸露对照小区；中雨型下，PT 小区的单位面积侵蚀量为 596.72t/km²，是 CK 小区的 69.78%，从占总单位面积侵蚀量上来看，PT 小区的单位面积侵蚀量占到了总单位面积侵蚀量的 34.67%，略高于 CK 小区的 31.76%，马尾松纯林小区在中雨型下，减沙成效较小雨型有所降

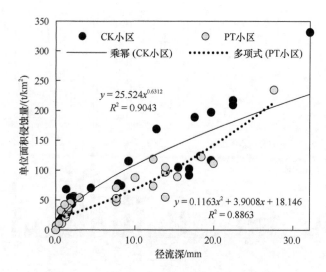

图 3.49　CK 与 PT 小区产流量与产沙量关系图

低，在整个降雨过程的产沙占有比例方面略高于裸露对照小区；大雨及以上雨型下，PT 小区的单位面积侵蚀量为 1029.77t/km²，是 CK 小区的 62.50%，从占总单位面积侵蚀量上来看，PT 小区的单位面积侵蚀量占到了总单位面积侵蚀量的 59.82%，略低于 CK 小区的 61.20%，马尾松纯林小区在大雨及以上雨型下，减沙成效介于小雨型和中雨型之间，在整个降雨过程的产沙占有比例方面，略低于裸露对照小区。不同雨型下，马尾松纯林小区与裸露对照小区略有不同，中雨型下产沙量占整体的比例高于裸露对照小区，减沙成效以小雨型最高，接近于 50%，其次为大雨及以上雨型，为 37.50%，最低的为中雨型，为 30.22%，可见，中雨型下，马尾松林下水土流失表现最为突出。

表 3.23　不同降雨类型下裸露对照小区和马尾松纯林小区产沙特征

小区编号	小雨		中雨		大雨及以上	
	单位面积侵蚀量/(t/km²)	占总单位面积侵蚀量比例/%	单位面积侵蚀量/(t/km²)	占总单位面积侵蚀量比例/%	单位面积侵蚀量/(t/km²)	占总单位面积侵蚀量比例/%
CK	189.31	7.03	855.17	31.76	1647.71	61.20
PT	94.79	5.51	596.72	34.67	1029.77	59.82

通过对不同雨型下的次降雨、产流以及产沙数据分析得到（表 3.24）：小雨型下，PT 小区降雨量与产沙量呈显著性相关（$P<0.05$），CK 小区相关性不显著，PT 小区和 CK 小区的产流量与产沙量均呈现极显著性相关（$P<0.01$），PT 小区仅有产流量与产沙量的相关系数小于 CK 小区，其余相关系数均大于 CK 小区；中雨型和大雨及以上雨型下，PT 小区和 CK 小区次降雨量与产沙量之间均呈极显著性相关（$P<0.01$），PT 小区在降雨量和产沙量的相关系数小于 CK 小区；PT 小区各相关系数基本上伴随着雨型的提升，呈现递增趋势，仅有产流量与产沙量的相关系数，呈现小雨型<大雨及以上雨型<

中雨型，CK 小区各相关系数的趋势与之不同，降雨量与产沙量方面，中雨型的最大，其次为大雨及以上雨型，产流量与产沙量方面，出现了递减的趋势。

表 3.24　不同降雨类型下裸露对照小区和马尾松纯林小区降雨量、产流量以及产沙量关系

小区	降雨量与产沙量相关系数（R）			产流量与产沙量相关系数（R）		
	小雨型	中雨型	大雨及以上	小雨型	中雨型	大雨及以上
CK	0.445	0.845**	0.816**	0.982**	0.849**	0.800**
PT	0.685*	0.768**	0.806**	0.816**	0.895**	0.847**

**表示 $P<0.01$，极显著相关；*表示 $P<0.05$，显著相关。

对呈显著性相关的降雨量以及产沙量等因子进行关系建模发现，马尾松纯林小区的次降雨量与产沙量的关系模型可用一元二次回归模型表示，关系模型如表 3.25 所示。

表 3.25　不同降雨类型下马尾松纯林小区降雨量、产流量以及产沙量关系模型

降雨类型	降雨量与产沙量关系	产流量与产沙量关系
中雨	$y = 0.4523x^2 - 12.608x + 125.04$ $R^2 = 0.7868$	$y = 0.0136x^2 + 3.4614x + 31.017$ $R^2 = 0.8046$
大雨及以上	$y = 0.2887x^2 - 16.835x + 331.17$ $R^2 = 0.7461$	$y = 0.6702x^2 - 17.475x + 206.08$ $R^2 = 0.8628$

第4章 坡耕地雨水径流资源水土保持调控与利用

4.1 坡耕地农作物雨水量特征与供水矛盾

4.1.1 农作物需水量估算

1. 估算方法

作物需水量是指生长在大面积上的无病虫害作物,土壤水分和肥力适宜时,在给定的生长环境中能取得高产潜力的条件下为满足植株蒸腾、棵间蒸发、组成植株体所需要的水量。作物需水量可近似等于植株蒸腾量和棵间蒸发量之和,即所谓的"蒸发蒸腾量"。作物蒸腾量可由参考作物蒸腾量 ET_0 和作物蒸腾系数 K_c 乘积确定。本书主要采用 Penman-Monteith 公式计算参考作物蒸腾量 ET_0,通过以下公式估算作物的需水量。

$$ET_c = ET_0 \times K_c \tag{4.1}$$

式中,ET_c 为作物需水量;ET_0 为该区域作物参考蒸腾量;K_c 为不同作物的蒸腾系数。

作物蒸腾系数(K_c)与叶面积指数(LAI)具有高度相关性,其拟合模型为如式(4.2),叶面积指数可以采用专业设备获取,本书采用本地区作物不同生育期典型值代入。

$$K_c = 0.4280 LAI^{0.6988} \tag{4.2}$$

2. 不同作物的需水量估算

对 2013~2015 年油菜以及花生生长期的需水量进行了估算,通过联合国粮农组织以及长江流域相关部门发布的参考数据,获取了表 4.1、表 4.2 中的油菜以及花生各生长期的作物需水系数,结合试验研究区作物的参考蒸腾量,得到油菜以及花生各生长期的作物需水量,估算结果如表 4.3 和表 4.4 所示。

表 4.1 油菜各生长期的作物需水系数

出苗期(0.7~1.68)				蕾薹期(1.66~1.86)	开花期(1.40~1.80)	成熟期(0.88~1.59)
10 月	11 月	12 月	1 月	2 月	3 月	4 月
0.7	1.66	1.61	1.55	1.66	1.80	0.88

表 4.2　花生各生长期的作物需水系数

出苗期（5 月）	幼苗期（6 月）	开花结荚期（7 月）	饱果成熟期（8 月）
0.40	0.70	1.15	0.50

表 4.3　不同年份油菜生长期需水量表　　　　　（单位：mm）

不同生长阶段	2013~2014 年	2014~2015 年
出苗期	274.68	258.36
蕾薹期	55.94	64.91
开花期	109.26	103.86
成熟期	72.86	80.52
全部生长期	512.74	507.65

根据作物的生长周期特征，油菜的生长周期主要包括出苗期、蕾薹期、开花期以及成熟期等 4 个阶段，其中，油菜从出苗至现蕾这段时间称为出苗期，冬油菜出苗期较长，一般占全生育期的一半或一半以上，为 120 天左右，土壤水分以田间持水量的 60%~70% 为宜。该阶段的需水量较大，直接影响到油菜的出苗率以及成活率；油菜从现蕾至始花称为蕾薹期，在长江流域甘蓝型油菜蕾薹期一般在 25~30 天，是油菜一生中生长最快的时期，也是对水分最为敏感的临界期，此期缺水则分枝短、花序短，花器脱落严重，影响产量，含水量以田间持水量的 80% 为宜；油菜开花期是营养生长和生殖生长最旺盛的时期，开花期适宜的相对湿度为 70%~80%，低于 60% 或高于 94% 都不利于开花，花期降雨会显著影响开花结实；成熟期从终花到籽粒成熟，一般 30 天左右。此期叶片逐渐衰亡，光合器官逐渐被角果取代。这一时期是决定粒数、粒重的时期，土壤水分以田间持水量的 60% 左右为宜。通过研究区油菜不同生长周期的需水量可以得到，出苗期需水量最大，占到了整个生长周期的 50% 以上，其次为开花期占到了整个生长周期的 20% 左右。

表 4.4　不同年份花生生长期需水量表　　　　　（单位：mm）

不同生长阶段	2013 年	2014 年	2015 年
出苗期	33.45	39.28	24.63
幼苗期	83.09	73.92	81.83
开花结荚期	208.96	139.15	181.50
饱果成熟期	83.35	55.60	69.70
全部生长期	408.85	307.95	357.66

花生的生长周期主要包括出苗期、幼苗期、开花结荚期和饱果成熟期，花生不同阶段的需水强度除受气象因素的影响外，同时也受作物的生理生态发育的影响。其中，出苗期需水强度较小，此期气温低、苗小，土壤蒸发和叶面蒸腾都处在低耗水阶段，占全部生长期耗水量的 6%~12%，土壤水分以田间持水量的 60%~70% 为

宜；进入开花期，随着气温的升高及茎叶的生长和叶片数的增加，日需水量逐渐加大，主要占到全部生长期耗水量的 21%～23%，土壤水分以田间持水量的 50%～60%为宜；花生日需水量高峰在结荚期，此时茎叶最为茂盛，并开始结果，需水量最大，占到了全部生长期耗水量的 45%～51%，土壤水分含量以田间持水量的 60%～70%为宜；结荚至成熟阶段，占到了全部生长期耗水量的 19%～20%，土壤水分含量以土壤田间持水量的 50%～60%为宜，如低于 40%或高于 70%对生长和成熟都不利。苗期一般不浇水，开花下针期需水量成倍增长，土壤蒸发量也日益增大，如果墒情不足则开花量减少，甚至开花中断，在盛花期蓄水量最多，大批果针入土发育成荚果，如墒情不足，容易形成空果或秕果。

4.1.2 有效降雨量估算

1. 有效降雨量估算方法

有效降雨量为渗入土壤并储存在作物主要根系吸水层中的降雨量。一般有效降雨量是利用水量平衡通过计算获得，即某次降雨的有效降雨量为次降雨量减去地面径流量和深层渗漏量。由于后两项不易测定，一般用经验的降雨有效利用系数计算有效降雨量，即

$$P_\theta = \alpha P \begin{cases} P < 5\text{mm}, \alpha = 0 \\ 5\text{mm} < P < 50\text{mm}, \alpha = 0.80\text{\textasciitilde}1 \text{（取值0.9）} \\ 50\text{mm} < P < 150\text{mm}, \alpha = 0.75\text{\textasciitilde}0.80 \text{（取值0.75）} \\ P > 150\text{mm}, \alpha = 0.70 \end{cases} \quad (4.3)$$

式中，P_θ 为有效降雨量，mm；P 为次降雨量，mm；α 为降雨有效利用系数，它和次降雨量有关。根据次降雨有效降雨量，可求得年度、季度或作物生长期的有效降雨量。

2. 不同作物有效降雨量估算

根据式（4.3），以及日降雨数据和降雨有效利用系数，得到 2013～2015 年油菜以及花生各生长期的有效降雨量如表 4.5 和表 4.6 所示。

表 4.5　不同年份油菜生长期有效降雨量　　　　　　　（单位：mm）

不同生长阶段	2013～2014 年	2014～2015 年
出苗期	128.4	178.3
蕾薹期	150.5	134.84
开花期	137.4	127.13
成熟期	123.7	200.90
全部生长期	540	641.17

表 4.6　不同年份花生生长期有效降雨量　　　　　（单位：mm）

不同生长阶段	2013 年	2014 年	2015 年
出苗期	73.33	108.70	127.51
幼苗期	178.98	137.70	115
开花结荚期	273.61	501.53	360.97
饱果成熟期	31.80	59.5	175.60
全部生长期	636.03	807.43	779.08

4.1.3　水资源供需盈亏矛盾期

通过坡耕地主要作物生长周期内需水量以及有效降雨量的比较，可以得到（图 4.1），在整个油菜的生长期内，出苗期的作物需水量最大，此阶段土壤含水量为田间持水量的 70%为宜，直接影响到油菜苗的出苗率，然而研究分析两年的数据显示，出苗期的有效降雨量均小于作物需水量，其余生长阶段的有效降雨量均大于作物需水量。

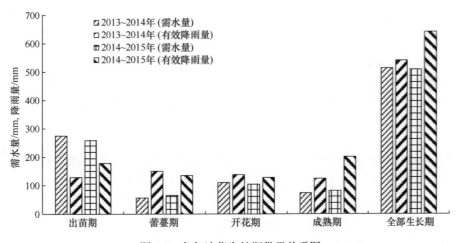

图 4.1　各年油菜生长期供需关系图

花生的情况略好一些（图 4.2），只有 2013 年的饱果成熟期水分有所欠缺，饱果成熟期是花生生长周期内需水最为关键的时期之一，这一阶段的中后期如果遇干旱，对花生荚果产量的影响很大。其余各年各生长期有效降雨量均大于作物需水量，然而以上分析得到的作物用水供需关系只是作物各生长阶段整体的供需关系分析，分解到各生长阶段的具体时段，可能要根据作物的具体情况来进行合理科学的水量分配与灌溉设置才会进一步提升作物的产量和质量。

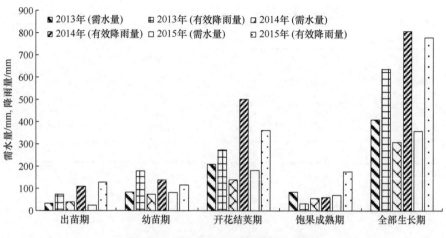

图 4.2 各年花生生长期供需关系图

4.2 坡耕地雨水资源调配与高效利用

针对坡耕地油菜和花生不同生产期产流产沙特征以及水分供需矛盾现状，根据水土保持单项技术的分析，组装了一套降雨拦截与增渗技术以及坡面水系导流集蓄技术等雨水资源调配与高效利用技术。

4.2.1 降雨拦截与增渗技术

1. 敷盖减蚀增蓄技术

1）技术概况

敷盖减蚀增蓄技术，是利用作物（水稻以及其他农作物）秸秆异地直接覆盖于农地上，形成土地保护层，用于坡耕地农作物的生长与生产。秸秆敷盖还田操作简单，秸秆利用量广，适用性强。通过敷盖还田，可以减少土壤水分的蒸发，达到保墒的目的，腐烂后能增加土壤有机质，从而提升作物产量。

秸秆敷盖还田，能减少土壤水分蒸发，增加降雨在土中的接纳储存，抵抗风蚀，增加近地面空气中的二氧化碳的含量，有利于补充光合作用所需的碳源，增进土壤表层微生物的活性，减少土壤有机质的分解。秸秆以敷盖方式还田对抑制田间杂草生长的效果显著。长期秸秆敷盖能增加土壤有机质，改善土壤结构，培肥地力，是集节水农业、有机农业、敷盖农业和生态农业于一体的综合性实用农业新技术，简便易行。

2）技术要点

（1）结合南方红壤区花生–油菜轮作模式特点，结合轮作时间以及作物生长特性，一年敷盖三次，花生种植季（4～5 月）敷盖一次，休耕期（9～10 月）敷盖一次，油菜种植季（10～11 月）敷盖一次，待花生-油菜轮作收获后，均将原有敷盖秸秆作还田处理。

（2）可用于敷盖的秸秆主要包括稻草秸秆、油菜秸秆、芝麻秸秆、花生秸秆以及坡耕地周边的野生草类秸秆。

（3）用量一般以 0.5～1kg/m² 为宜，以"地不露白，草不成坨"为标准。

（4）敷盖方法：花生生长季敷盖需在播种后出芽前将秸秆材料均匀铺盖于坡耕地土壤表面，盖后抽沟，将沟土均匀地撒盖于秸秆上；休耕期敷盖需待花生收割完毕后，按照用量均匀敷盖于坡耕地土壤表面；油菜生长季敷盖先根据用量标准进行整地后全园敷盖，后再将油菜幼苗进行移栽处理。

3）效益分析与评价

（1）减流减沙效果。如图 4.3 所示，根据 2014～2016 年的统计数据可以得到，秸秆敷盖具有非常好的减流减沙效果，由于秸秆敷盖的原因，避免了降雨直接打击地面，同时秸秆可有效减缓地表径流的产生，进一步蓄积地表径流从而起到了蓄积雨水下渗的功效。据统计得到，通过秸秆敷盖减流率为 36%～79%，减沙率为 90%～98%，平均减流率和减沙率分别为 63.29%和 95.46%。

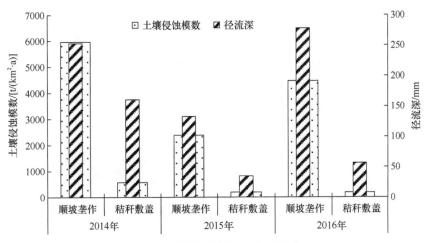

图 4.3　各年秸秆敷盖产流产沙特征图

（2）土壤含水量分析。如图 4.4 和图 4.5 所示，通过该技术条件下的坡耕地土壤水分的监测数据可以得到，降雨前，上坡位秸秆敷盖的含水量均大于顺坡垄作，提升的倍数为 0.84～1.39，其中，60cm 处的土层含水量提升最高，中坡位 40cm 以上秸秆敷盖的土壤含水量均大于顺坡垄作，40cm 以下的土层含水量顺坡垄作的大于秸秆敷盖，下坡位仅有 10cm 以上的土壤含水量是秸秆敷盖大于顺坡垄作，10cm 以下的土层含水量均为顺坡垄作大于秸秆敷盖。从秸秆敷盖自身不同坡位的土壤含水量来看，上坡位的含水量最大，其次为中坡位，最小的为下坡位，土壤含水量为 15%～35%，与顺坡以及横坡耕作相比，土壤含水量的空间分布发生了变化，使得土壤含水量在空间上进一步优化。降雨后与降雨前的情况基本一致，上坡位秸秆覆盖的土壤含水量均大于顺坡垄作，不同的是，下坡位的含水量出现了变化，20cm 以上土层和 40cm 以下土层的含水量均大于顺坡垄作，20～40cm 的顺坡要大于秸秆敷盖。从自身不同坡位的土壤含水量来看，上坡位最大，其次为下坡，最小的为中坡位，不同土层深度的土壤含水量主要位于20%～28%，相比较降雨前，土壤含水量均得到提升，不同坡位的含水量差异不明显，但对于整体提升坡耕地的储水量有着较好的促进作用（图4.6）。

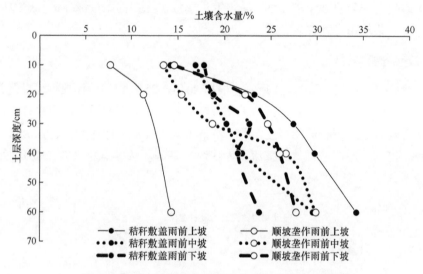

图 4.4　顺坡与秸秆敷盖降雨前土壤水分含量对比图

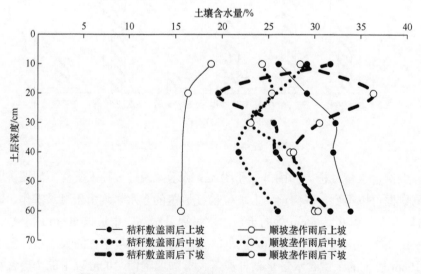

图 4.5　顺坡与秸秆敷盖降雨后土壤水分含量对比图

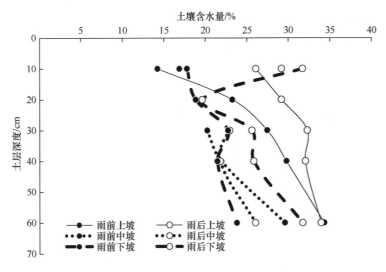

图 4.6　秸秆敷盖降雨前后土壤水分含量变化图

（3）土壤储水量以及最佳含水量分析。如图 4.7 所示，通过对 2015 年 10 月份至 2016 年 8 月份的储水量分析得到，秸秆敷盖 0～30cm 土层的储水量除 2015 年 11 月和 12 月外，其余时段均大于顺坡垄作措施，平均提升率达 15.79%，最大提升率为 24.94%，相比传统顺坡垄作提升土壤储水量 82.92mm。

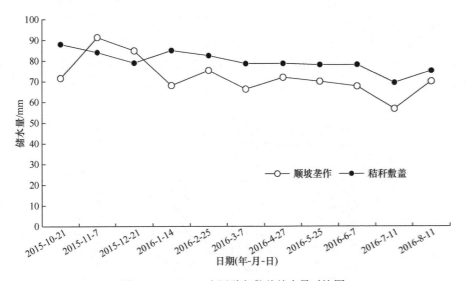

图 4.7　0～30cm 土层秸秆敷盖储水量对比图

从不同作物生长周期对土壤含水量的需要上分析，秸秆敷盖可整体提高不同阶段土壤的含水量，与各作物生长不同时段的最佳土壤含水量相比（图 4.8），秸秆敷盖后土壤的含水量更加接近该时段的土壤含水量值，与作物的最佳含水量的相对差距仅有 8%，相比顺坡垄作（13%）降低了 5 个百分点，可减少相应作物生长阶段的灌溉以及排涝工序，更利于作物各生长阶段的发育和生长。

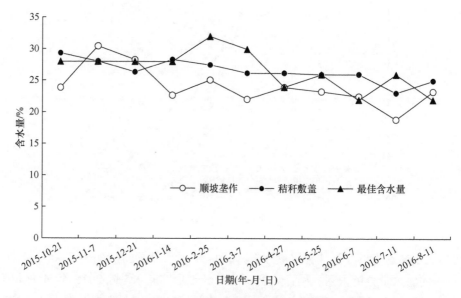

图 4.8　0～30cm 土层秸秆敷盖土壤含水量对比图

（4）产量产值分析。如图 4.9 所示，通过对 2014～2016 年作物产量的统计得到，秸秆敷盖与顺坡垄作相比较而言，仅有 2014 年产量降低，其余年份花生产量均有所提升，经测算，2015 年和 2016 年产量分别提高了 0.64 倍和 0.13 倍，平均增产率上升了 0.15 倍，根据当地农作物市场价格，按花生 6 元/kg 的单价计算，通过实施秸秆敷盖措施后，花生年平均产值可达 2.32 万元/hm²，相比顺坡垄作 2.01 万元/hm² 提高了 0.31 万元/hm²。

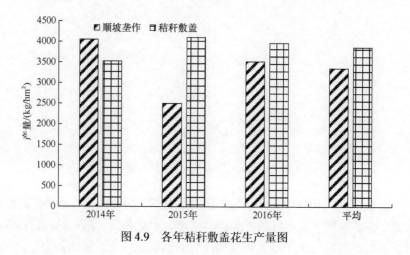

图 4.9　各年秸秆敷盖花生产量图

2. 生物拦截增渗技术

1）技术概况

依托原有传统顺坡垄作形式，依据生态经济原则选择物种资源，在坡耕地上采用沿等高线横向种植适用经济作物，形成横（植物篱）竖（作物土垄）相交织的坡面纵横水系，由于植物篱能分散和拦蓄径流，滞留土壤，通过减缓顺坡垄沟的产流过程，不仅可实现坡面产流的就地拦截与入渗，提升坡耕地的雨水利用率，而且可有效控制水土流失，保持坡耕地的肥力和生产能力，并具有一定的经济效益。

2）技术要点

（1）等高植物篱可应用于坡度≤15°的坡耕地。

（2）植物带的布设是影响其发挥作用的关键。如果植物篱布设过疏，将会影响治理效果；如果布设过密，又会影响农作物的产出效益，农民不易接受，因此合理设计植物篱的带间距以及植物篱品种的栽植密度、栽植方式十分重要。根据不同坡度，植物篱最大带间距可按表 4.7 执行。

表 4.7　不同坡度的植物篱最大带间距　　　　　　　　（单位：m）

指标	坡度	
	<8°	8°~15°
植物篱最大带间距	15~20	10~15

注：可根据实际情况适当增加或减少 2~3m。

（3）沿等高线高密度种植单行、双行或多行植物，植物根部或接近根部处互相靠近，形成一个连续体系。一般采用双行植物篱即每带植物篱两行，选择挡土效果最好的 20cm 株距。植物篱的高度一般在 1.5 m 以下。

（4）植物篱品种选择的原则。生物拦截品种选择的原则为：生态持续控制土壤侵蚀、改良土壤物理性质、补充土壤养分、经济持续、生物拦截本身有产品产出，并能促进带间作物的生长与产量的提高。所选品种应具有较强的保土保水、改良土壤等方面的功能，一般应具有经济价值较高，挡土挡水效果好，根深、枝密但不侧生蔓延，能固护土壤，生长迅速，提高土壤有机质等条件。再则要求植物篱品种冠幅小，侧根弱，不蔓生，种子不易扩散等特性。研究选择的植物篱作物为黄花菜。

3）技术效益评价

（1）减流减沙效果。如图 4.10 所示，通过分析 2013~2016 年的径流泥沙统计数据，可以得到，生物拦截增渗技术与传统顺坡垄作相比，减流减沙效率显著，减流率为 46%～71%，减沙率为 45%～90%，多年平均减流率达 64.1%，减沙率达 76.1%。

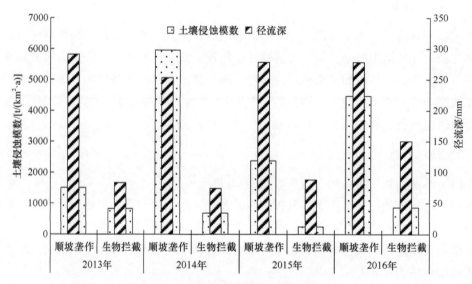

图 4.10　各年生物拦截增渗产流产沙特征图

（2）土壤含水量分析。如图 4.11 所示，降雨前，通过生物拦截技术与顺坡垄作对比得到，生物拦截技术在上坡位和下坡位的含水量均大于顺坡垄作，其中上坡位提升最为明显，下坡位虽有提升但不明显，中坡位要小于顺坡垄作，这可能由上坡与中坡位之间生物拦截带所致。如图 4.12 所示，降雨后，对照土壤含水量数据，生物拦截技术与顺坡

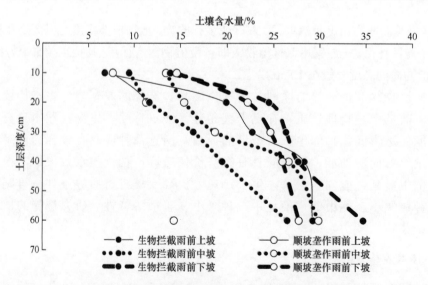

图 4.11　顺坡与生物拦截降雨前土壤水分含量对比图

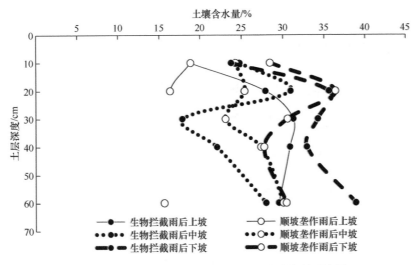

图 4.12　顺坡与生物拦截降雨后土壤水分含量对比图

耕作相比，上坡位和中坡位 30cm 以上各坡位的土壤含水量均有所提高，下坡位反而降低，这可能与生物拦截技术拦截坡面径流，提升了雨水的入渗时间，从而上坡位和中坡位的土壤含水量较高有关，30cm 以下的土壤含水量虽有变化，但是变化不明显。如图 4.13 所示，通过对其自身降雨前后的土壤含水量的提升来看，生物拦截技术可使土壤含水量最高提升 1.7 倍，其中 20cm 以上含水量提升最为显著。

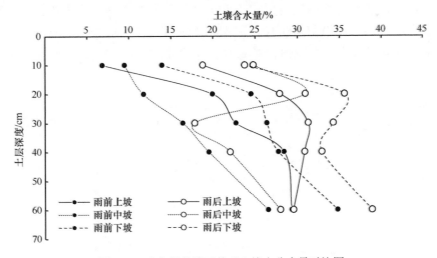

图 4.13　生物拦截降雨前后土壤水分含量对比图

　　总体来看，通过该措施的实施，可较好地拦蓄坡面径流，提升土壤水分的蓄积量，以供作物生长。

　　（3）土壤储水量以及最佳含水量分析。如图 4.14 所示，通过对 2015 年 10 月至 2016 年 8 月的储水量分析得到，生物拦截 0～30cm 土层的储水量除去 2015 年 12 月，其余时段均大于顺坡垄作措施，平均提升率达 19.03%，最大提升率为 41.01%，相比传统顺坡垄作提升土壤储水量 141.20mm。`

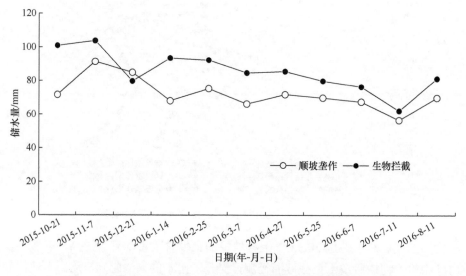

图 4.14　0～30cm 土层生物拦截储水量对比图

从不同作物生长周期对土壤含水量的需要上分析，生物拦截技术可整体提高不同阶段土壤的含水量，与各作物生长不同时段的最佳土壤含水量相比，生物拦截后土壤的含水量在油菜生长周期内更加接近该时段的最佳土壤含水量值。对于花生生长周期，土壤含水量在出苗期和开花期距离该阶段最佳土壤含水量较近，但是饱果成熟期土壤含水量较高，与该阶段的最佳土壤含水量差距较大，因此在这个阶段需注意多排少蓄（图 4.15）。

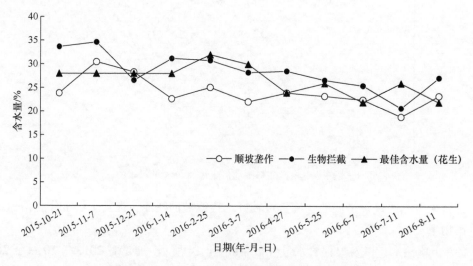

图 4.15　0～30cm 土层生物拦截土壤含水量对比图

（4）产量产值分析。如图 4.16 所示，通过对 2014～2016 年的花生产量统计分析得到，生物拦截技术的花生产量较传统的顺坡垄作有所降低，生物拦截措施下花生的产量相比较顺坡垄作方式产量降低了 11.8%～27.7%，主要是由于植物篱占到整个小区面积的 25.6%，影响了花生的产量。从产值分析来看，按照市场上花生价格 6 元/kg，黄花菜价格 28 元/kg 来估算，可得生物拦截技术小区多年平均产值为 2.73 万元/hm²，相对照顺坡垄作多年平均产值 2.01 万元/hm²，提升了 35.82%。

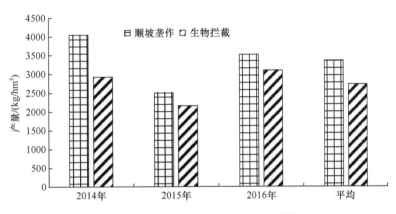

图 4.16　各年生物拦截技术花生产量图

4.2.2　坡面导流蓄存技术

1）技术概况

基于传统顺坡垄作，顺坡每隔一定距离，通过坡耕地内侧挖方，坡耕地外侧填方的形式，修筑横坡内斜式生态路渠，生态路渠沟面上种植草被，沿生态路渠内侧种植拦截泥沙的经济性作物植物篱，可实现坡耕地雨水丰沛时的分段引导、分散和截留顺坡垄作上游来水和坡面水系的重新分配，在雨水资源得到合理高效利用的同时，满足旱作物的排涝要求。

2）技术要点

（1）生态路渠的尺寸要求，本次设计的生态路渠，路渠的横断面尺寸为 2m，内斜比降为 3%，内斜高 10cm，内侧坡壁与水平面的夹角呈 45°。

（2）生态路渠草被要求，主要采取种植匍匐性草被为宜，以假俭草或百喜草最为适合。

（3）植物篱的要求，主要种植具备经济适用价值的多年生灌木或者一年生经济作物为主，此处主要种植黄花菜作为植物篱。

3）技术效益评价

（1）减流减沙效果。如图4.17所示，通过分析2015～2016年的径流泥沙统计数据，与传统顺坡垄作相比，减流减沙效率显著，统计分析可得生态路渠技术相比较传统顺坡垄作措施，减流率为61.61%～95.56%，减沙率为95.30%～98.44%，多年平均减流率达78.59%，减沙率达96.87%。

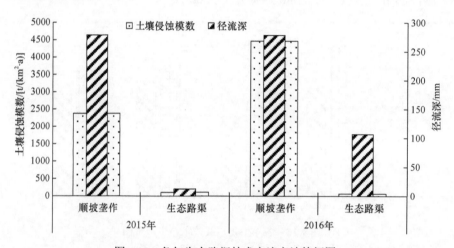

图4.17　各年生态路渠技术产流产沙特征图

（2）土壤含水量分析。如图4.18所示，降雨前，通过生态路渠与顺坡垄作对比，生态路渠上坡位的含水量均大于顺坡垄作，中坡位仅有10～20cm内的含水量大于顺坡垄作，下坡位的不同土层含水量普遍小于顺坡垄作；这可能与坡耕地小区中间设置了生态路渠以及耕作方式有关。如图4.19所示，降雨后，生态路渠与顺坡垄作相比，上坡位

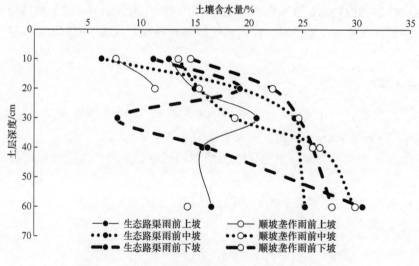

图4.18　顺坡与生态路渠降雨前土壤水分含量对比图

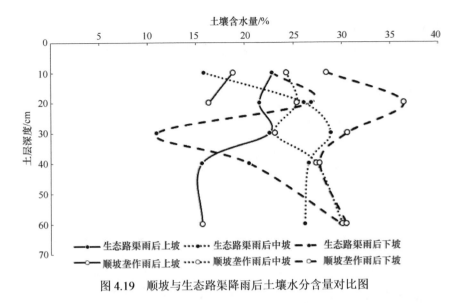

图 4.19　顺坡与生态路渠降雨后土壤水分含量对比图

30cm 以上的土壤含水量均有所提高，中坡位 10～40cm 之间土壤层的含水量有所提高，10cm 以上的土壤含水量反而较顺坡垄作较小，下坡位 20cm 以上土壤含水量较顺坡垄作较小，20cm 以下土层的含水量较顺坡垄作有所提升，这可能与生态路渠拦截坡面径流，提升了雨水的入渗时间，致使土壤壤中流向下坡运移有关。如图 4.20 所示，通过对其自身降雨前后的土壤含水量的提升来看，降雨后与降雨前相比，土壤含水量提升了 0.07～1.49 倍，其中以土壤中坡位和下坡位 20cm 以上含水量提升最为显著，总体来看，通过该措施的实施，可较好地拦蓄坡面径流，特别是对于提升 10～40cm 内的土壤含水量最为显著，从而提升土壤耕作层的水分蓄积量，为作物供给适当的水分。

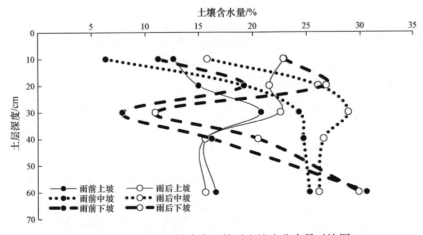

图 4.20　生态路渠技术降雨前后土壤水分含量对比图

（3）土壤储水量以及最佳含水量分析。如图 4.21 所示，通过对 2015 年 10 月到 2016

年 8 月储水量分析得到，生物路渠 0~30cm 土层的储水量与顺坡垄作的相当，2015 年 10~12 月，均小于顺坡垄作措施，这可能与作物的生长以及生态路渠的导流作用有关，生态路渠措施缩短了多余雨水资源的下渗蓄积时间，通过这个阶段的土壤储水量来看，与传统顺坡垄作相比反而减少了 51.64mm。

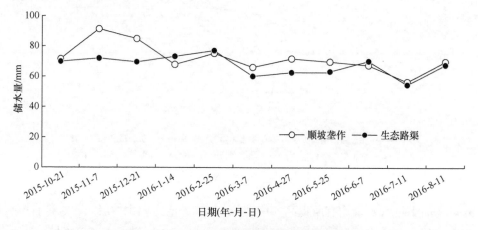

图 4.21　0~30cm 土层生态路渠储水量对比图

从不同作物生长期的最佳土壤含水量分析来看，通过实施生态路渠技术后油菜的成熟期以及花生的饱果成熟期的土壤含水量与顺坡垄作相比，更接近于相应时段的最佳土壤含水量，其余生长阶段其土壤含水量均较顺坡垄作措施的要小，但此时荚果已开始膨大，既需要大量水分，又怕受涝烂果，因此既要采用蓄水设施适时浇水，又要保证雨多排涝，做到旱浇涝排，田间不存水，以免影响花生荚果发育和出现烂果，生态路渠技术可很好地调节土壤水分以及储水量，弥补生物拦截技术的不足，对于作物质量和产量有很好的促进和保障作用（图 4.22）。

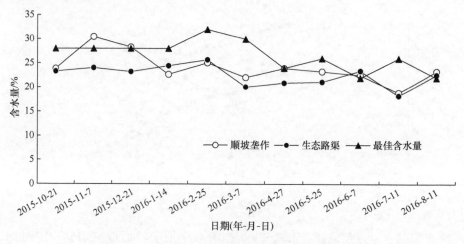

图 4.22　0~30cm 土层生态路渠土壤含水量对比图

（4）产量与产值分析。如图 4.23 所示，通过对 2015～2016 年的花生产量的统计分析得到，花生的产量较传统的顺坡垄作有了进一步提高，平均产量提升了 **19.89kg/hm²**，这是由于该技术提升了花生饱果成熟期土壤的含水量，从而提升了花生的产量。从产值分析来看，按照花生价格 6 元/kg、黄花菜价格 28 元/kg 来估算，可得生态路渠技术多年平均产值为 2.29 万元/hm²，相对照顺坡垄作多年平均产值 1.80 万元/hm²，提升了 27.22%。

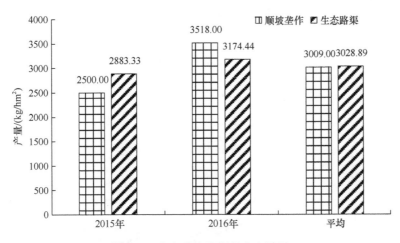

图 4.23 各年生态路渠技术产量图

4.2.3 雨水资源调配与利用对比分析

1. 土壤含水量分析

如图 4.24 所示，本书对各单项技术降雨前各坡位不同土层深度的含水量进行比较，上坡位不同土层生物拦截技术>秸秆敷盖技术>生态路渠技术，含水量为 5%～35%；中坡位 10cm 以上生态路渠最小，其次为生物拦截技术，最小对的为秸秆敷盖，伴随着土层的加深，生物拦截技术含水量最小，其次为秸秆敷盖技术，土壤含水量为 5%～30%；下坡位不同土层生物拦截技术>秸秆敷盖技术>生态路渠技术，土壤含水量为 7%～35%。因此，坡耕地土壤含水量的不同，与单项技术的设计布局密切相关。

如图 4.25 所示，伴随着降雨的产生，各单项技术的土壤含水量均有所提高，上坡位秸秆敷盖技术含水量最大，其次为生物拦截技术，生态路渠最小，含水量为 15%～32%；中坡位 10cm 以上秸秆敷盖技术含水量最大，10cm 以下，生态路渠技术最大，其次为秸秆敷盖技术，生物拦截技术土壤含水量波动较大，含水量为 15%～30%；下坡位生物拦截技术最高，其次为秸秆敷盖技术，最小的为生态路渠技术，含水量为 10%～40%，差异性较大。

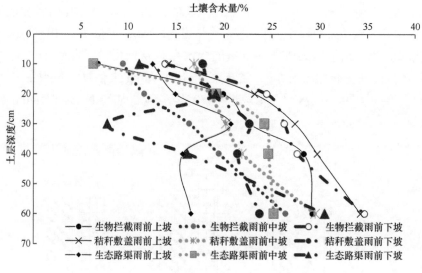

图 4.24 各单项技术雨前土壤含水量对比图

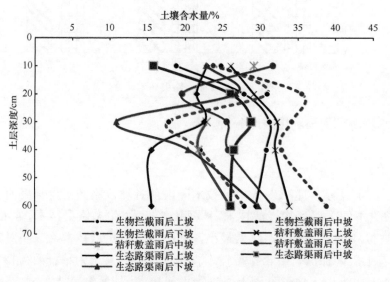

图 4.25 各单项技术雨后土壤含水量对比图

各单项技术不仅均有提升土壤含水量的功效，同时还有利于含水量在空间上的优化配置，使得水分空间分布上更趋于合理。

2. 土壤储水量以及最佳土壤含水量分析

如图 4.26 所示，通过对 2015 年 10 月至 2016 年 8 月的储水量分析得到，各单项技术 0～30cm 土层的储水量以生物拦截技术的最高，提升为 19.03%，可提升土壤储水量 141.20mm，秸秆敷盖次之，提升 15%左右，可提升土壤储水量 82.92mm，生态路渠技术最小。

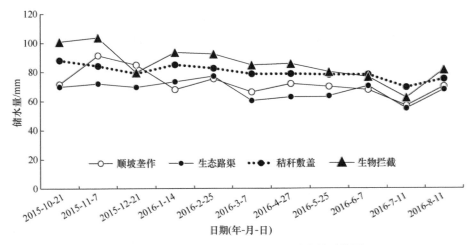

图 4.26　各单项技术 0～30cm 土层储水量对比图

从最佳土壤含水量来看，作物生长周期内以秸秆敷盖技术的土壤含水量最接近作物各阶段的最佳土壤含水量。从各类作物的生长周期来看，油菜整个生长周期内，出苗期以秸秆敷盖技术最佳，蕾薹期和开花期以生物拦截技术最佳，成熟期以顺坡垄作最佳；花生整个的生长周期内，出苗期以生物拦截技术最佳，幼苗期以顺坡垄作技术最佳，开花结荚期以秸秆敷盖技术最佳，饱果成熟期以生态路渠技术最佳（图 4.27）。

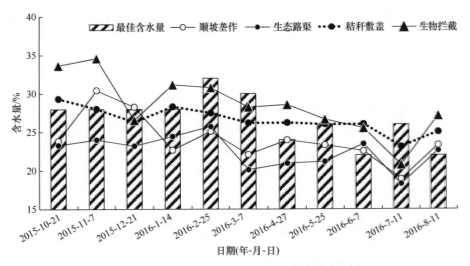

图 4.27　各单项技术 0～30cm 土层含水量对比图

3. 减流减沙分析

如图 4.28 所示，通过统计各单项技术的减流减沙成效，除了 2014 年秸秆覆盖技术产流大于生物拦截技术，其余年份均为秸秆覆盖技术产流小于生物拦截技术，从多年平均来看，减流成效最为显著的为生态路渠技术，其次为秸秆敷盖和生物拦截技术，其减流率分别为 85.23%、64.78%和 58.54%，各单项技术的减流率均在 58%以上。

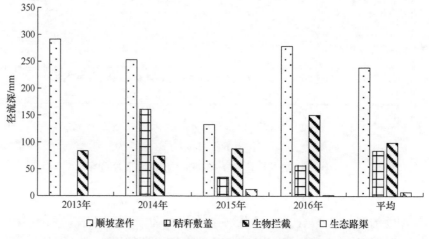

图 4.28　各单项技术试验小区年径流深图

从各单项技术的年土壤侵蚀数据来看，2015 年以秸秆敷盖技术的土壤侵蚀模数最低，2016 年以生态路渠技术的侵蚀模数最低，其次为生物拦截技术；从多年平均来看，生态路渠技术的减沙成效最高为 97.42%，其次为秸秆敷盖技术，可达 93.47%，最后为生物拦截技术，达 81.44%。总体上看，各单项技术的减沙率均在 80%以上，无显著性差异（图 4.29）。

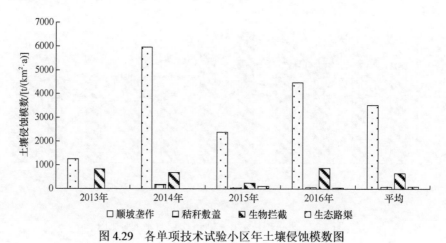

图 4.29　各单项技术试验小区年土壤侵蚀模数图

4. 产量产值分析

各单项技术实施后，对比发现，秸秆敷盖技术的产量最高，其次为生态路渠技术（图 4.30）；从产值分析来看，生物拦截技术产值最高，可达 2.72 万元/hm²，其次为秸秆敷盖技术和生态路渠技术，分别为 2.31 万元/hm² 和 2.29 万元/hm²（图 4.31）。

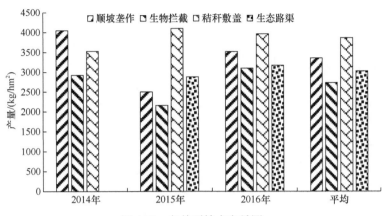

图 4.30　各单项技术产量图

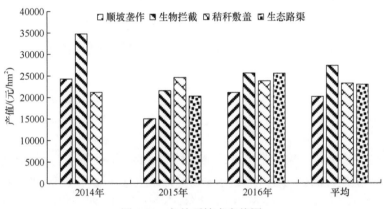

图 4.31　各单项技术产值图

4.3　坡耕地径流调控与雨水资源优化利用技术集成

　　针对当前坡耕地径流调控面临的问题（表 4.8），结合对各单项技术的效益分析，为了更好地实现坡耕地雨水资源的优化利用，将以上单项技术进行有效的组装与集成，搭建集雨水拦截增渗与蓄存灌溉于一体的坡面雨水高效利用模式。

表 4.8　坡耕地径流调控面临问题与解决方案

序号	面临主要问题	解决方案
1	降雨时空不均，旱作大多时期需排水及其水土流失问题	①生态路渠导流蓄存技术；②导蓄水工程技术；③生物拦截就地蓄渗技术（顺坡+植物篱）
2	休耕期雨水拦截率低、土壤侵蚀严重问题	①秸秆敷盖增渗保墒技术；②生物拦截就地蓄渗技术（顺坡+植物篱）
3	油菜出苗期、花生饱果成熟期供需水矛盾问题	①生物拦截技术；②导蓄水工程技术

4.3.1 技术组装

选取江西水土保持生态科技园，搭建了投影面积为 1800m² 的大坡面坡耕地雨水径流调控与利用技术试验区，该集成技术主要包括顺坡+生物拦截、秸秆敷盖、生态路渠、沉沙池、蓄水池以及灌溉系统等。

4.3.2 技术要点

1. 生态路渠的布设

在坡面上沿等高线布设 3 条生态路渠，生态路渠水平距为 14.49m，在距坡顶排水沟 14.49m 处布设第一条生态路渠，长 140m；距第一道生态路渠 14.49m（水平投影）处布设第二条生态路渠，长 80m；距第二条生态路渠 14.49m（水平投影）处布设第三条生态路渠，长 80m。在修建生态路渠时，以"拐弯大弯就势，小弯取直"的原则进行；生态路渠采用宽型断面，沟宽 2m，内斜高 0.1m，外高内低，比降为 3%。按设计标准沿等高线定点开沟，用犁或人工把上坡的土挖起填在下坡，填好后即出现稍具内斜的生态路渠，沟面上播种假俭草。

2. 蓄水池、沉沙池等的布设

1）蓄水池

共布设 3 个蓄水池，第一条生态路渠与联络道的交汇处布设 1 号蓄水池；第二条生态路渠与联络道的交汇处布设 2 号蓄水池；第三条生态路渠与联络道的交汇处布设 3 号蓄水池。采用封闭型地埋式蓄水池构造，并在蓄水池前布设沉沙池，沉沙池用于沉降水中携带的泥沙及杂物，与排水沟或联络道相连，过多的水可以通过另一端的出水口进入下面的排水沟或联络道。

（1）建设条件：蓄水池布设在生态路渠上、排灌渠或联络道附近、沉沙池后，共计 3 个。蓄水池建在岩石或坚硬土质的基础上，防止不均匀沉降和漏水。

（2）蓄水池规格：容积为 20m³，采用 C20 钢筋砼结构，C10 砼垫层，长方体形状，为全封闭式，长 500cm，宽 250cm，高 210cm，池壁厚 20cm，池底厚度为 20cm，C10 砼垫层厚 10cm，顶板厚 10cm，顶板预留 80cm×80cm 检修口。进水口为 20cm×20cm 矩形浆砌石口，排水口在蓄水池底部，为直径 10cm 的镀锌管，在距蓄水池顶部 20cm 处设直径为 10cm 的镀锌管溢水口。

2）沉沙池

（1）建设条件：沉沙池布设在蓄水池进水口，起到沉沙、防冲和澄清水的作用。试验区每个蓄水池进水口前设置沉沙池，共计 2 口。

（2）沉沙池规格：设计容量都为 0.16m³，设计尺寸为长×宽×深：80cm×40cm×50cm，矩形断面，池壁采用标准砖砌筑，墙体厚度为 20cm，M10 砂浆抹面，池底采用 C15 砼现浇，厚度为 20cm。

3）排水草沟

（1）建设条件：排水沟与生态路渠、沉沙蓄水工程同时规划。

（2）设计标准：防御暴雨标准采用 10 年一遇 6h 最大降雨量，即 P=10%时的最大 6h 降雨量为 130.4mm。

（3）工程设计：根据设计频率暴雨坡面汇流洪峰流量、按明渠均匀流计算确定。其计算公式如下：

$$Q=0.278KiF \qquad (4.4)$$

式中，Q 为设计洪水流量，m³/s；K 为径流系数，取 0.80；i 为汇流历时内平均 1 小时降雨强度，mm/h；F 为沟渠汇水面积，km²。

$$Q=\frac{1}{n}Aj^{1/2}R^{2/3} \qquad (4.5)$$

$$R=\frac{A}{x} \qquad (4.6)$$

式中，n 为糙率（草沟糙率为 0.067）；j 为沟渠比降，横向排水沟比降一般取 1%；纵向排水沟，与坡面坡度接近约 268%；R 为水力半径，m；A 为沟渠断面面积，m²，矩形断面 $A=bh$；b 为渠道底宽，m；h 为沟渠水深，m；x 为湿周，m，矩形断面 $x=b+2h$。

经计算，设计洪峰流量约为 0.0133m³/s，通过理论计算纵向草沟断面为 12cm×12cm。综合试验场如图 4.32 所示，设计图如图 4.33 和图 4.34 所示。

图 4.32　坡耕地径流调控与雨水资源利用集成技术综合试验场

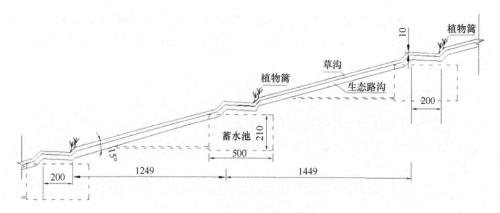

图4.33 综合试验场剖面图（单位：cm）

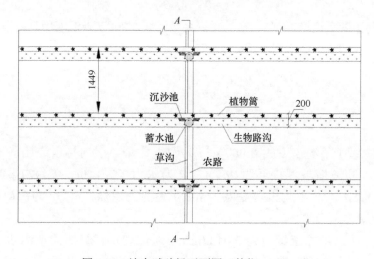

图4.34 综合试验场平面图（单位：cm）

4.3.3 技术效益评价

1. 减流减沙分析

如图4.35和图4.36所示，通过多年的径流泥沙数据统计得到，集成技术与传统顺坡垄作相比，减流减沙效率显著，多年平均减流率达94.32%，减沙率达98.69%，与各单项技术相比均为最高。

2. 土壤含水量分析

如图4.37所示，降雨前上坡位集成技术的含水量均大于顺坡垄作小区；中坡位30cm以上土层集成技术的含水量大于顺坡垄作，30cm以下土层顺坡垄作大于集成技术；下坡位总体上顺坡垄作技术要大于集成技术土壤含水量，究其原因可能与集成技术是多项技术的总成有关，其中生态路渠的截水、引流，蓄水池的蓄水灌溉可能是造成此现象的主要原因。

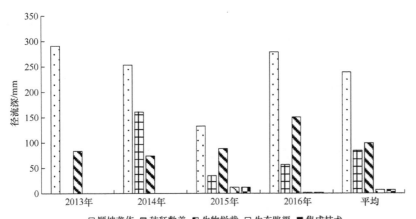

图 4.35　集成技术与各单项技术减流效果对比图

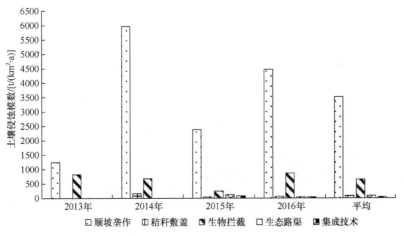

图 4.36　集成技术与各单项技术减沙效果对比图

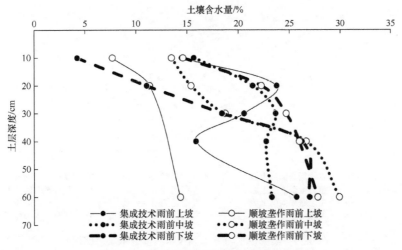

图 4.37　集成技术降雨前土壤含水量图

通过集成技术与前面单项技术的对比分析，可以得到，集成技术的土壤含水量介于各单项技术的中间水平，在提升土壤含水量方面，效果良好。降雨后（图 4.38），上坡位集成技术的含水量较顺坡垄作高；中坡位集成技术 30cm 土层以上集成技术含水量大于顺坡垄作，30cm 以下顺坡垄作较大；下坡位与降雨前规律相当，顺坡垄作的含水量大于集成技术。

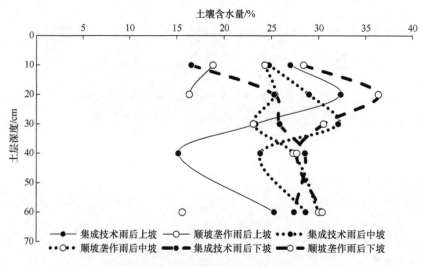

图 4.38　集成技术降雨后土壤含水量图

如图 4.39 和图 4.40 所示，通过集成技术与各单项技术的对比分析得到，集成技术雨后上坡 20cm 以上的土层含水量最大，20cm 以下土层土壤含水量较低；雨后中坡土壤

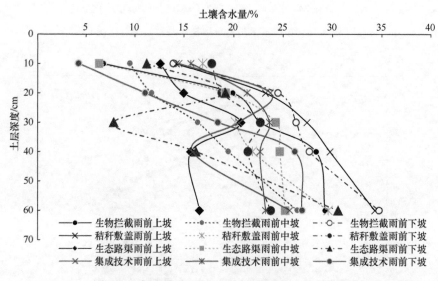

图 4.39　集成技术与各单项技术雨前含水量对比图

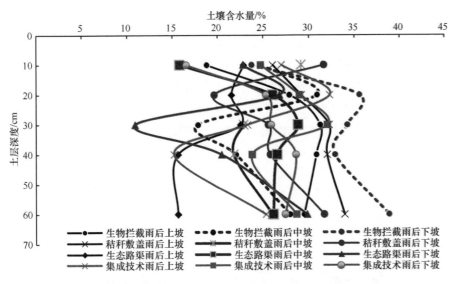

图 4.40 集成技术与各单项技术雨后含水量对比图

含水量 30cm 以上仅小于秸秆敷盖单项技术，大于其他单项技术，总体上看土壤含水量处于中等水平；下坡 20cm 以上土壤含水量较小，20cm 以下含水量要高于生态路渠和秸秆敷盖技术，低于生物拦截技术。

3. 土壤储水量以及最佳土壤含水量分析

如图 4.41 所示，通过对 2015 年 10 月至 2016 年 8 月的储水量分析得到，集成技术 0～30cm 土层的储水量基本介于各单项技术的中游水平，提升了 15.49%，该阶段可提升土壤储水量 27.29mm，可实现每亩蓄水量提升 18.19m³ 的目的。

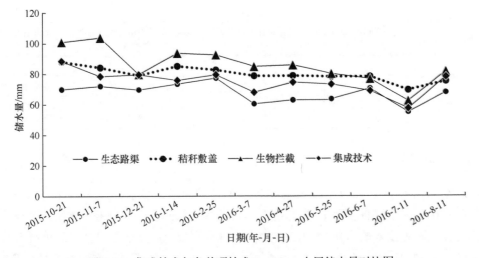

图 4.41 集成技术与各单项技术 0～30cm 土层储水量对比图

从土壤最佳含水量方面看，如表 4.9 和图 4.42 所示，油菜生长的整个周期内，集成技术与秸秆敷盖技术相当，油菜出苗期的土壤含水量与该生长阶段的最佳土壤含水量较为接近，蕾薹期和开花期土壤含水量略低，可利用集成技术布设的蓄水池蓄积水量进行适当灌溉，成熟期土壤含水量与该阶段的最佳土壤含水量相当；花生整个生长周期内，出苗期、幼苗期土壤含水量较接近于该阶段的土壤最佳含水量，开花结荚期土壤含水量较低，可利用集成技术布设的蓄水池蓄积水量进行灌溉，饱果成熟期的土壤含水量较高，可进行排涝。

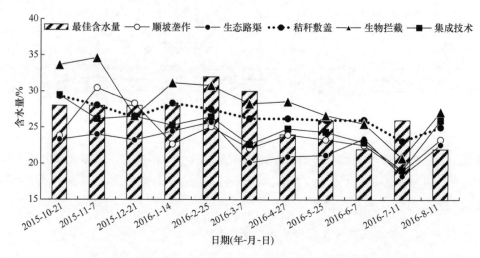

图 4.42　集成技术与各单项技术 0～30cm 土层含水量对比图

表 4.9　集成技术各作物生长周期土壤含水量对比表

指标	油菜			
	出苗期	蕾薹期	开花期	成熟期
含水量	接近最佳土壤含水量	低于最佳土壤含水量（合理灌溉）	低于最佳土壤含水量（合理灌溉）	接近最佳土壤含水量
指标	花生			
	出苗期	幼苗期	开花结荚期	饱果成熟期
含水量	接近最佳土壤含水量	接近最佳土壤含水量	低于最佳土壤含水量（合理灌溉）	高于最佳土壤含水量（合理排涝）

4. 产量产值分析

如图 4.43 所示，通过集成技术与各单项技术的对比分析，从多年平均来看，集成技术的花生产量略低于秸秆敷盖技术，可达 3617kg/hm²。如图 4.44 所示，从产值分析来看，集成技术的多年平均产值最高，可达 3.26 万元/hm²，其中以 2014 年的产值最高为 4.52 万元/hm²，集成技术在有效调控雨水资源的同时，在提升产量以及产值方面效果也较为突出。

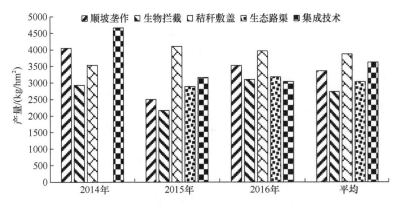

图 4.43　集成技术与各单项技术产量对比图

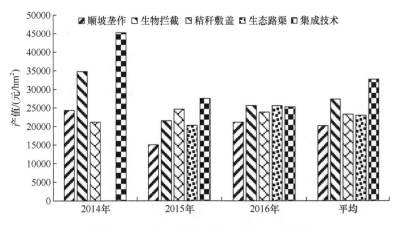

图 4.44　集成技术与各单项技术产值对比图

5. 蓄存水量分析

通过对坡面水系的优化与调整，进一步提升了土壤的储水量，通过引水以及导流措施，可将坡面产流最大限度地引流进入蓄水池内，以供旱季补充作物关键生长期的灌溉之用。通过 2016 年对蓄水池水量的统计分析可以得到，2016 年集成技术小区全年可集蓄坡面径流达 43.1m³，折算成地表径流相当于一场 23.9mm 的降雨量，按照《江西省农业灌溉用水定额》（DB36/T619—2011）中赣北地区花生和油菜灌溉保证率 75%的定额（79m³/亩）计算，收集利用的雨水资源可占到 2016 年油菜–花生轮作模式下的灌溉需求量的 20.20%。

4.4　坡耕地径流调控与雨水资源优化利用技术体系

通过对坡耕地径流调控与雨水资源优化利用技术的研究与探索，通过效益分析以及比对试验，最终得到了南方红壤区径流调控与雨水资源优化利用技术体系（图 4.45）。

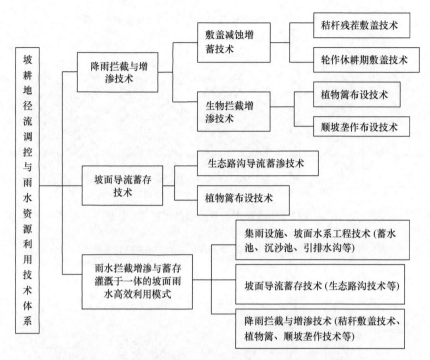

图 4.45　坡耕地径流调控与雨水资源优化利用技术体系

第5章　果园雨水径流资源水土保持调控与利用

5.1　坡地果园雨水资源供需分析

自 20 世纪 90 年代以来,地处南方红壤丘陵地区的江西进行了大规模山地柑橘园开发。据《江西统计年鉴 2015》,江西省现有果园面积为 4040.96km²,其中柑橘种植面积为 3278.59km²,占果园总面积的 81.13%,占全国柑橘面积的 12%。水是柑橘树生长的必需因子,水分过多或不足,不仅影响当年的果实产量与品质,也对来年的果树结果状态,甚至果树的寿命造成影响。由于雨量分布不均,江西坡地果园常出现不同程度的季节性干旱现象,已成为造成柑橘年产量不稳定的主要原因之一。为揭示柑橘园干旱的过程规律,需要探明柑橘园中土壤–植物–大气(SPAC)系统水分循环和平衡过程,特别是包括土壤蒸发、果树蒸腾、土壤深层渗漏等主要途径在内的系统水分消耗通量。对于果树生长而言,果树蒸腾属于坡地水分的有效利用量,地表径流量为潜在利用量,而水分的土壤蒸发和深层渗漏则属于无效损耗量。因此,从坡地果园雨水资源高效利用和抗灾能力提高的角度出发,研究红壤柑橘园坡地水量供需平衡动态变化,揭示该区柑橘季节性干旱形成机理,从而有针对性地采取水土保持措施拦截就近存储雨季多余的地表径流资源,作为果园旱季灌溉用水的重要补充,对于减缓气候变化对柑橘园生产的影响具有重要的理论与实践意义。

5.1.1　果园供水分析

红壤坡地柑橘园水分供给主要方式为自然有效降雨,而土壤水分深层渗漏是坡地果园水分损失的一个重要途径,也是影响有效降雨量的重要因素。2010~2015 年研究区通过深层渗漏损失水分 92.8~607.5mm,平均为 463.6mm,占土壤入渗的 10.60%~43.31%,占降雨总量的 10.32%~41.61%(图 5.1),这和 Wang 等(2011)在该地区的研究结果(14.3%~41.6%)基本一致。土壤深层渗漏主要发生在 3~7 月,该时段多年平均土壤深层渗漏总量为 92.9~549.9mm,占全年土壤深层渗漏的 79.23%~100%;而 8~12 月土壤深层渗漏总量仅为 0~92.9mm,仅占总量的 0%~16.01%。降雨量是影响土壤深层渗漏的一个重要因素。统计结果表明,月降雨量与月土壤深层渗漏量呈极显著的正相关($P<0.01$)。

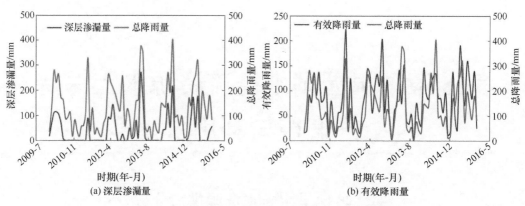

(a) 深层渗漏量　　　　　　　(b) 有效降雨量

图 5.1　研究区深层渗漏量与有效降雨量变化特征

2010～2015 年研究区柑橘园有效降雨量为 742.4～1277.4mm，平均值为 987.3mm。多年平均有效降雨量自 1 月开始增加，至 6 月最大，之后又逐渐减少，其年内分布特征与总降雨量具有显著的正相关性（$P<0.01$）。3～8 月多年平均有效降雨量均在 85mm 以上，其总量可达全年的 62.09%。

5.1.2　果园需水分析

柑橘的需水量是指在适宜的土壤水分条件下，获得高产时果树蒸腾、棵间土壤蒸发以及构成植株组织的消耗水量。其中消耗于植株组织的水量相对较少，故忽略不计，因此果树蒸腾量与土壤蒸发量是柑橘坡面系统的主要水分消耗项。研究结果表明，柑橘平均需水量为 843.2mm，其中 2012 年蒸散量最大，为 994.9mm，最小为 2011 年，为 645.4mm（表 5.1）。该计算结果与其他红壤区实测结果相差不大（邹战强，1998）。柑橘需水量呈单峰曲线变化，1 月较低，然后不断增加，至 7～8 月达到峰值，然后又逐渐下降。5～7 月平均需水量均在 100mm 以上，占全生育期需水量的近一半，该时期正处于果树果实膨大期，是影响柑橘产量的关键期。

表 5.1　2010～2015 年柑橘实际需水量　　　　（单位：mm）

月份	2010 年	2011 年	2012 年	2013 年	2014 年	2015 年	平均
1	28.6	25.9	16.0	26.2	21.1	22.2	23.3
2	30.3	28.1	34.1	38.1	25.9	28.2	30.8
3	95.3	59.5	65.9	64.4	62.0	57.9	67.5
4	86.3	54.9	99.6	103.4	100.9	87.1	88.7
5	108.4	66.8	116.9	130.8	112.6	98.2	105.6
6	118.5	93.9	118.3	128.4	110.9	134.2	117.4
7	149.8	125.2	173.6	178.1	150.0	131.9	151.4
8	93.5	76.3	116.7	38.2	115.0	113.4	92.2
9	43.2	34.9	107.9	40.8	91.3	100.5	69.8

续表

月份	2010 年	2011 年	2012 年	2013 年	2014 年	2015 年	平均
10	63.7	44.9	75.9	7.5	20.9	47.1	43.3
11	29.7	18.6	41.5	18.0	34.5	39.0	30.2
12	21.8	16.5	28.7	13.6	26.6	30.9	23.0
合计	869.1	645.4	994.9	787.6	871.8	890.6	843.2

5.1.3 　果园需水与供水盈亏分析

根据水量平衡方程，可计算柑橘园水分盈亏量。如表 5.2 所示，2011 为枯水年，降雨量偏少，致使出现柑橘园水分亏缺的月份偏多。虽然 2010 年和 2013 年的降雨量达 1400mm 以上，但由于地表径流流失较大，致使有效降雨量减少，使得果园水分出现亏缺。由于果树需水和降雨分布特征综合作用，无论是丰水年还是枯水年，柑橘园各月均可能出现不同程度季节性缺水现象，其中，1～6 月缺水量普遍较小，由于该时期根系层土壤储水量较高，可以作为柑橘生长需水的有效补充，因此在该时段内轻微的缺水不会影响果树的生长；而 7～10 月缺水的发生频率及缺水程度较高，该时期为果实膨大期，且土壤储水量较低（图 5.2），不能有效补充果树生长需水，一旦该时期缺水将对果树产量产生严重影响。研究区降水集中于 3～7 月，先于潜在蒸散高峰期的 7～8 月，土壤向下排水集中于 4～6 月，形成深层蓄水，根系难以吸收，加剧了 7～10 月季节性水分亏缺对柑橘的危害。种植在坡地丘陵上的柑橘树，由于地形原因灌溉水源得不到保障或成本过高。因此，采取一定的水土保持措施提高土壤含水量或集蓄措施就近提高水源保证率则成为必要手段。

表 5.2　2010～2015 年果园水分盈亏分析　　　　（单位：mm）

月份	2010 年	2011 年	2012 年	2013 年	2014 年	2015 年	平均
1	−28.2	−8.7	32.9	−43.4	−3.5	−15.9	−11.1
2	22.7	−24.3	33.1	5.4	84.5	102.3	37.3
3	−30.6	−23.5	58.5	23.2	−28	−22.6	−3.8
4	0.2	−18	39.3	3.9	−15.5	−66	−9.4
5	18.9	30.1	−56.5	16	6.6	54.1	11.5
6	−29.6	80.3	−11.4	28.2	9	−10.8	11
7	−46.8	−106.3	−74.8	−161.5	−11.4	−85.7	−81.1
8	−38.1	18.8	−30.8	−16.2	−64.6	18.1	−18.8
9	16.2	−17.8	56.2	−5.3	−28.3	−3.4	2.9
10	21	−8.6	−32.8	−7	24.2	17.3	2.3
11	−22.6	−0.1	45.2	44.2	38.5	43	24.7
12	41.2	−6.6	17.4	17.2	−28.1	−19.3	3.6
总计	−76	−84.6	76.3	−95.1	−16.8	11.2	−30.8

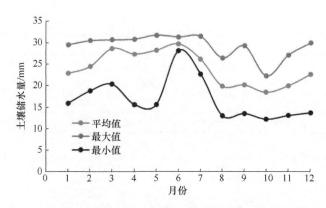

图 5.2　研究区 0～100cm 根系层土壤储水量

在周边不具有灌溉水源条件时，地表径流作为果园潜在可利用水源，在雨季通过径流集蓄工程进行拦蓄，可有效解决果园的关键期补水灌溉问题。对比地表径流与亏欠量可知（表 5.3），理论上通过径流集蓄工程收集的地表径流量可满足亏欠量。因此，将水土保持和集蓄灌溉有机地结合起来，通过集、拦、引、蓄、灌等综合措施，充分利用园区的雨洪资源，可有效减缓果园季节性干旱缺水问题。

表 5.3　研究区多年平均水分供需平衡分析　　　　　　　　（单位：mm）

月份	水量供给 p	水量消耗			亏欠量	潜在可用水量	灌溉后剩余水量
		I	ET	DP			
1	33.7	12.1	25.0	8.5	−12.34	3.0	−9.3
2	107.6	24.1	32.5	8.4	36.76	5.9	5.9
3	172.8	34.0	68.7	48.1	0.66	21.3	27.2
4	174.9	28.8	92.1	49.3	−12.02	16.7	34.5
5	248.8	33.2	104.7	82.7	15.25	12.9	47.4
6	257.6	39.8	111.3	75.5	17.83	13.1	60.5
7	147.6	22.7	149.2	40.3	−78.90	14.3	−6.3
8	110.2	22.0	89.7	4.0	−16.45	10.9	−7.9
9	112	20.1	71.0	6.6	2.57	11.7	11.7
10	61.6	11.6	44.5	2.0	1.63	1.8	13.5
11	87.1	17.6	31.3	10.4	25.77	2.1	15.6
12	55.3	13.4	24.1	13.8	2.95	1.0	16.6
合计	1569.0	279.4	844.0	349.8	−16.27	112.0	16.6

注：p 为降雨量；I 为冠层截留；ET 为蒸散发；DP 为深层渗漏。

5.2　果园径流资源高效利用

依据江西省的降雨规律以及果园的径流规律，利用径流调控措施来改变径流的运行过程，削弱径流动能、减缓径流流速，科学地将坡面径流进行分散与聚集，不仅能防止水土流失的发生，还能有效地解决红壤区季节性干旱的缺水问题。径流调控措施对坡面径流的影响，主要是通过改变坡面径流的运行方式，改变下垫面状况，避免雨滴直接打击裸露的地表，分散坡面径流，削弱径流的冲刷力，从而达到减少坡面水土流失的目的。按照坡面径流的来源、数量及其运行规律，运用径流调控措施与坡面径流的关系，对径流进行有效的截流与分流、聚集与利用，是防治坡面水土流失的重要技术手段。

5.2.1　就地拦蓄促渗技术

由第 3 章分析可知，红壤柑橘园萌芽催花期存在轻微缺水，而坐果抗逆期水土流失较为严重。因此需要就地拦截地表径流，促进径流入渗，增加土壤含水量，减少径流冲刷。就地拦截促渗技术是通过对地表微地形的改变和改进耕作措施等技术来增加降雨就地拦蓄入渗能力，减少雨水径流流失，使其能够入渗到土壤中的水分都最大限度地渗入并保存下来，从而最大限度地降低地表与土内径流量，提高土壤的储水量，提高坡面降水资源的利用率。该技术主要包括工程技术措施、生物措施和农艺措施。

1. 工程拦蓄促渗技术

果园工程拦蓄促渗技术常用措施为坡改梯。坡改梯是有效的就地拦截促渗工程技术。梯田是在坡地上沿等高线修成阶台式或坡式断面的田地，根据断面形式可分为水平梯田、坡式梯田、反坡梯田和隔坡梯田，南方丘陵果园常用为水平梯田和反坡梯田。果园坡改梯可以截短坡长，改变地形坡度，拦蓄雨水，增加土壤水分，防治水土流失，达到保水、保土、保肥目的，又能改善果园生态环境，提高种植效益，增加农民收入。

江西水土保持生态科技园 2001～2015 年连续 15 年观测数据表明（图 5.3），柑橘园坡地按要求坡改梯后，可有效拦蓄地表径流。相对于净耕坡地果园，水平梯田可拦蓄地表径流量 8.75～514.9mm，多年平均为 115.87mm，其地表径流拦蓄效率为 18.9%～75.5%，多年平均为 55.85%；草被式沟埂梯田可拦蓄地表径流量 22.69～637.30mm，多年平均为 182.42mm，其地表径流拦蓄效率为 58.01%～95.12%，多年平均为 87.93%；内斜式梯田可拦蓄地表径流量 20.16～622.40mm，多年平均为 172mm，其地表径流拦截效率为 50.61%～91.26%，多年平均为 82.90%。由此可知，果园采取坡改梯后可有效拦截地表径流，防治径流冲刷，减轻水土流失，增加土壤入渗量。同时，观测发现，草被式沟埂梯田和内斜式梯田拦截地表径流效果相差不大，但由于红壤地区雨季降雨量大，而如采用内斜式梯田不利于排水，将影响果树生长。因此，在降雨丰沛的南方红壤区建议采用草被式沟埂梯田，其既可有效拦截地表径流，促使径流下渗，又可快速排除多余的地表径流。

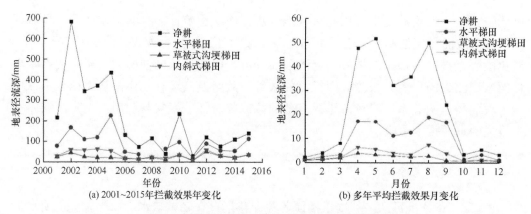

(a) 2001~2015年拦截效果年变化 (b) 多年平均拦截效果月变化

图 5.3   果园坡改梯工程技术地表径流拦截效果

果园坡地采用坡改梯工程不仅可以拦截径流总量，同时对地表洪峰也具有明显的消减作用。图 5.4 为两种不同雨型下的降雨产流过程。由图可知，无论是 NO.20130429 突发型降雨事件还是 NO.20130514 峰值型降雨事件，不同形式的坡改梯均可有效削减洪峰流量。如 NO.20130429 突发型降雨事件中，净耕果园坡地洪峰流量为 5.88mm/h，而水平梯田洪峰流量为 4.87mm/h，草被式沟埂梯田洪峰流量为 2.18mm/h，内斜式梯田洪峰流量为 2.69mm/h，洪峰削减率分别为 17.18%、62.93%和 54.25%。NO.20130514 峰值型降雨事件中，净耕果园坡地洪峰流量为 9.75mm/h，而水平梯田洪峰流量为 7.56mm/h，草被式沟埂梯田洪峰流量为 3.53mm/h，内斜式梯田洪峰流量为 4.03mm/h，洪峰削减率分别为 22.46%、63.79%和 58.67%。

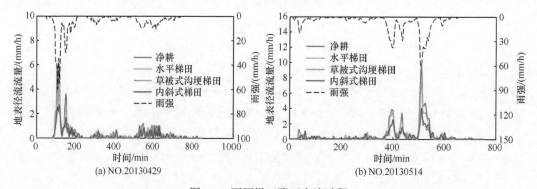

(a) NO.20130429 (b) NO.20130514

图 5.4   不同梯田降雨产流过程

梯田拦蓄的地表径流一部分蓄存在根系层土壤中，可供作物直接利用；另一部分可能侧渗成壤中流或深层渗漏形成地下径流，而该部分水资源不能被作物直接利用。因此，有必要分析拦截径流转化为土壤水的情况。由图 5.5 可知，不同措施下土壤水分随时间变化过程基本相同，大体上均呈先增加后减少趋势，这与研究区降雨特征呈先增加后减少趋势一致，说明降雨是影响土壤水分变化的主要因素。同时，各措施下随着土层深度的增加，土壤水分变化幅度呈减少趋势。比较净耕和水平梯田、内斜式梯田、草被式沟梗梯田不同深度土壤水分发现，采取措施后 0～20cm 的土壤水分不是均得到提高，而 30～100cm 的土壤水分含量均得到提高。相对于净耕坡地果园，水平梯田可提高土壤含水量 2.64%～6.88%；草被式沟埂梯田可提高土壤含水量 0.59%～10.82%；内斜式梯田可提高土壤含水量 1.22%～18.50%。

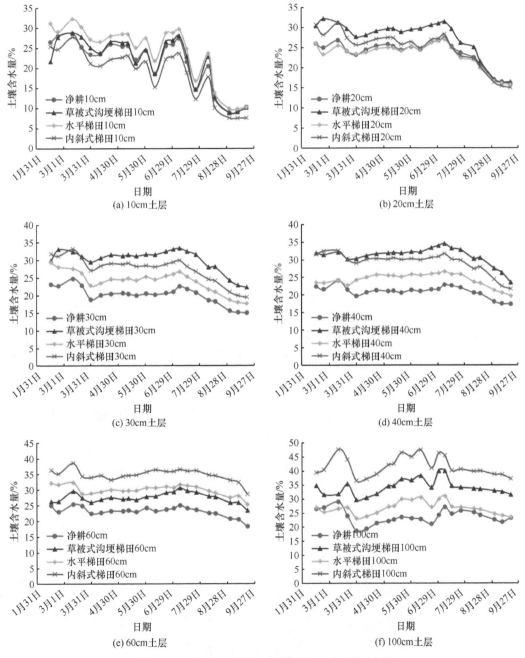

图 5.5　工程措施下不同土层深度土壤水分变化过程

根据各层土壤体积含水量与相应土层厚度的乘积，可计算各土层的土壤储水量，再将各土层储水量求和即可得到 100cm 深土层的土壤储水量，如表 5.4 所示。由表 5.4 可知，采取措施后，研究区果园土壤储水量均得到不同程度的提高。相对于净耕坡地，水平梯田可提高土壤储水量 23.06～52.71mm，草被式沟埂梯田可提高土壤储水量 52.16～98.40mm，内斜式梯田可提高土壤储水量 90.00～128.08mm。对比缺水量，采取水分梯田工程措施提高的土壤储水量可满足非严重干旱年份（2010 年）的柑橘水分的亏缺量。而草被式沟埂梯田和内斜式梯田除个别干旱严重的年份（2011 年），其提高的土壤储水量均可满足柑橘水分亏缺量。因此，采用相应工程措施后，可有效提高雨洪资源利用效率，缓解果树干旱缺水，提高其抗旱能力。

表 5.4 坡改梯措施土壤储水量 （单位：mm）

措施	2月	3月	4月	5月	6月	7月	8月	9月
净耕坡地	252.40	238.03	217.97	229.25	229.08	242.66	211.07	187.14
水平梯田	275.46	265.50	258.33	276.62	281.79	276.08	238.99	212.21
草被式沟埂梯田	304.56	303.10	294.96	314.82	327.48	321.54	280.31	250.96
内斜式梯田	349.05	355.43	326.91	353.26	357.16	342.86	307.37	277.14

丘陵山地果园草被式沟埂梯田主要有以下技术要点：

（1）梯田工程由田埂、田坎、田面及坎下沟（竹节水平沟）等组成（图 5.6）。

（2）田面要保证能蓄能排，保证梯田田埂、田坎不坍塌、不冲毁。一般田面长度控制在 100～200m，为便于田间管理，应结合蓄排水系统、田间生产道路统一规划，每 100m 左右设置一道田间生产道路或蓄排水系统，具体规格根据地形、土层厚度及种植品种行间距等确定。

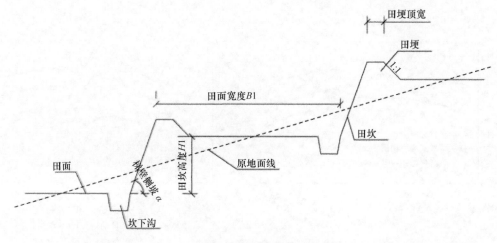

图 5.6 水平梯田断面图

（3）田埂：断面一般采用梯形，顶宽 20～30cm（若兼顾田间道路使用可适当加宽），外坡与田坎外坡一致，内坡 1∶1。对于水平梯田，可考虑设置地边埂，根据设计暴雨径流深，加 5cm 的安全超高，最大高度与田埂一致。

（4）坎下沟：断面一般采用梯形，开口宽 40cm，底宽 30cm，深 30cm，田面地表径流经坎下沟汇集后，排入地块排水系统。

根据江西省土壤、地形和耕种习惯等，列出常见规格（表 5.5），实际工作中可根据需求调整。

表 5.5　草被式沟埂梯田常见设计尺寸一览表

地面坡度 θ/(°)	梯壁侧坡 α/(°)	田坎高 $H1$/m	田面宽 $B1$/m	田面长度 L/(m/hm²)	土石方量 V/(m³/hm²)
5	80	1	11.3	885	1250
		1.5	16.9	591.7	1875
	70	1	11.1	900.9	1250
		1.5	16.6	602.4	1875
6	80	1	9.3	1070.9	1250
		1.5	14.1	709.5	1875
	70	1	9.2	1092.8	1250
		1.5	13.9	719	1875
7	80	1	8	1255	1250
		1.5	12	830.6	1875
	70	1	7.8	1285.3	1250
		1.5	11.9	843.7	1875
8	80	1	6.9	1441.1	1250
		1.5	10.5	952.7	1875
	70	1	6.8	1481.2	1250
		1.5	10.3	970	1875
9	80	1	6.1	1629.3	1250
		1.5	9.3	1075.9	1875
	70	1	5.9	1680.7	1250
		1.5	9.1	1098.1	1875
10	80	1	5.5	1819.9	1250
		1.5	8.3	1200.4	1875
	70	1	5.3	1884.2	1250
		1.5	8.1	1228.1	1875
11	80	1	5	2012.8	1250
		1.5	7.5	1326.2	1875
	70	1	4.8	2091.8	1250
		1.5	7.4	1360	1875

地面坡度 θ/(°)	梯壁侧坡 α/(°)	田坎高 $H$1/m	田面宽 $B$1/m	田面长度 L/(m/hm²)	土石方量 V/(m³/hm²)
12	80	1	4.5	2208.3	1250
		1.5	6.9	1453.4	1875
	70	1	4.3	2303.8	1250
		1.5	6.7	1494.1	1875
13	80	1	4.2	2406.7	1250
		1.5	6.3	1582.1	1875
	70	1	4	2520.5	1250
		1.5	6.1	1630.5	1875
14	80	1	3.8	2607.9	1250
		1.5	5.8	1712.4	1875
	70	1	3.6	2742.1	1250
		1.5	5.7	1769.2	1875
15	80	1	3.6	2812.4	1250
		1.5	5.4	1844.4	1875
	70	1	3.4	2969.1	1250
		1.5	5.2	1910.5	1875
16	80	1	3.3	3020.2	1250
		1.5	5.1	1978.3	1875
	70	1	3.1	3201.6	1250
		1.5	4.9	2054.6	1875
17	80	1	3.1	3231.5	1250
		1.5	4.7	2114.2	1875
	70	1	2.9	3440.1	1250
		1.5	4.5	2201.5	1875
18	80	1	2.9	3446.7	1250
		1.5	4.4	2252.2	1875
	70	1	2.7	3685	1250
		1.5	4.3	2351.5	1875
19	80	1	2.7	3665.8	1250
		1.5	4.2	2392.4	1875
	70	1	2.5	3936.6	1250
		1.5	4	2504.8	1875
20	80	1	2.6	3889.3	1250
		1.5	3.9	2534.9	1875
	70	1	2.4	4195.5	1250
		1.5	3.8	2661.5	1875

2. 生物拦蓄促渗技术

除工程措施外，生物措施也是就地截流促渗技术的重要形式。生物拦蓄促渗技术可以通过植被对地表的覆盖作用，减少坡面径流量，特别是枯枝落叶，不仅可以防止雨滴对地表的击溅作用，而且还可以阻滞坡面径流的流速，削弱其动能，改变径流的运行轨迹。同时植被自身对降雨径流具有吸收利用，截留降雨，使土壤含水量增加，改变地表径流的分配。

生物截雨技术在果园中应用最主要的措施为果园生草。根据植草方式，果园生草可分为全园植草和条带植草。一般要求新修果园，只能在树行间条带种草，其草带应距离树盘外缘 40cm 左右。而成龄果园，可在行间和株间全园种草，但在树盘下也不提倡种草。果园生草是一种较为先进的果园土壤管理方法，世界上许多果品生产发达国家果园土壤管理大多采用该模式，并取得了良好的生态及经济效益。我国于 20 世纪 90 年代开始将果园生草作为绿色果品生产技术体系在全国推广，成效显著。

果园种草有利于减少水土流失，同时具有涵养水分的能力，能缓解降雨的直接侵蚀、减少地表径流、防止冲刷，可提高水分沉降和渗透速率、减少土壤蒸发、提高水分利用效率，且草覆盖可显著降低土壤容重、增加土壤渗水性和持水能力。江西水土保持生态科技园 2001～2015 年连续观测数据表明（图 5.7），柑橘园坡地按要求采取植物措施后，可有效拦截地表径流。相对于净耕果园，全园植草年拦截径流 22.22～649.90mm，多年平均为 191.23mm，其地表径流拦截率为 65.86%～99.08%，多年平均为 86.35%；条带植草可拦截径流 21.95～646.90mm，多年平均为 191.18mm，其地表径流拦截率为 66.09%～97.42%，多年平均为 87.58%。由此可知，果园生草后可有效拦截地表径流，防治径流冲刷，减轻水土流失，增加土壤入渗量。同时，观测发现，全园植草和条带植草地表径流拦截效果相差不大。

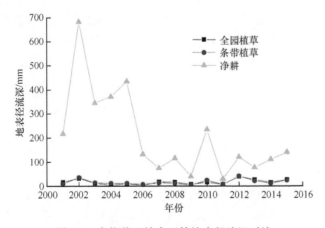

图 5.7　生物截雨技术下的地表径流深对比

果园生草通过拦截径流，延缓洪峰形成，并有效降低洪峰流量。图 5.8 为两种不同雨型下的降雨产流过程。由图 5.8 可知，无论是 NO.20130429 突发型降雨事件还是 NO.20130514 峰值型降雨事件，不同形式的生草均可有效削减洪峰流量。如 NO.20130429 突发型降雨事件中，净耕果园坡地洪峰流量为 5.88mm/h，而全园植草洪峰流量为 3.19mm/h，条带植草洪峰流量为 2.35mm/h，洪峰削减率分别为 45.75%和 60.03%。NO.20130514 峰值型降雨事件中，净耕果园坡地洪峰流量为 9.75mm/h，而全园植草洪峰流量为 3.19mm/h，条带植草洪峰流量为 3.53mm/h，洪峰削减率分别为 45.75%和 39.97%。由此可知，条带植草和全园植草消减地表洪峰相差不大。

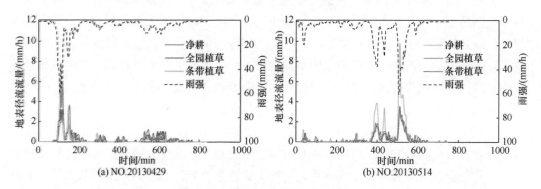

图 5.8　果园生草地表径流形成过程

果园生草拦蓄的地表径流入渗进入土壤，可有效提高土壤含水量。由图 5.9 可知，与工程拦蓄措施一样，不同生物措施下土壤水分随时间变化过程均为 7 月之后呈减少趋势。同时，各措施下随着土层深度的增加，土壤水分变化幅度呈减少趋势。对比净耕果园坡地不同土层深度土壤水分可得出，采取全园植草和条带植草措施后 0～30cm 表层土壤水分总体均得到提高，净耕坡地平均含水量为 21.79%、全园植草平均含水量为 23.48%、条带植草平均含水量为 26.33%。但在旱季的 8～9 月，全园植草和条带植草的土壤水分反而降低了。这主要是由于在旱季 8～9 月研究区降雨量少，气温高，全园植草和条带植草的生物蒸散量较净耕大。对比全园植草和条带植草的土壤含水量，除 10cm、20cm 土壤水分外，各土层土壤含水量均表现为条带植草高于全园植草。全园植草和条带植草的地表水土保持效益相差不大，而全园植草将增大生物的蒸散量。这意味着全园植草在干旱季节加剧干旱对果树的影响。全园植草不仅消耗掉果园上层土壤含水量，而且随植草年限的增加还将不断降低深层土壤有效储水。但两者间的水分竞争会受到降水量、草和果树根系分布、草和果树共生年限和植草模式等的影响。因此，可以通过选择适宜的草种、调整果树和牧草布局、合理刈草等来控制耗水。在红壤丘陵地区果园生草中应选择条带植草模式，在果树根系主要分布区留出净耕带，且净耕带宽度应随果冠扩大而扩大。在干旱少雨季节应及时进行牧草刈割并就地覆盖，减少活牧草的耗水。草种选择时，宜选低矮、生物量大、覆盖时间长而旺盛生长期短的草种，这样可以减少草与果树争夺水分和养分的时间。

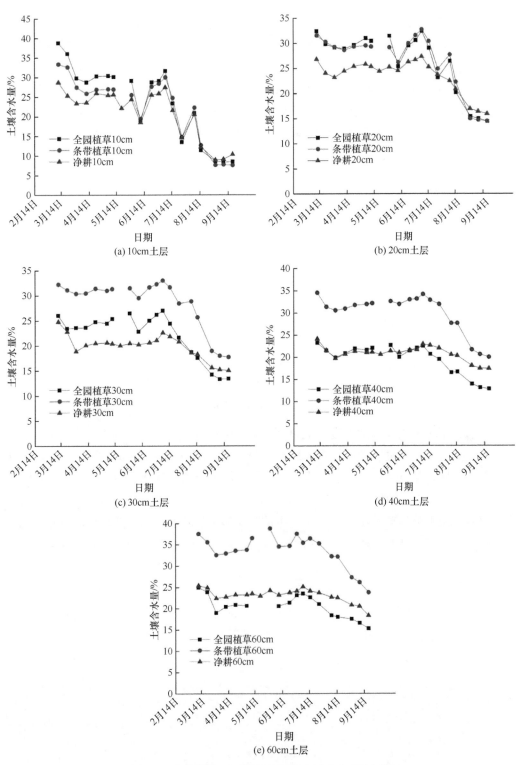

图 5.9　生物措施下不同土层深度土壤水分变化过程

　　各处理下 0～100cm 土壤储水量年内变化过程基本一致。在降雨量较少的 8～9 月，土壤储水量逐月明显下降，之后逐渐上升而后趋于稳定。与净耕相比，全园植草和条带植草均可提高 0～100cm 土壤储水量。其中雨季的 4～7 月条带植草可提高 13.1～14.52cm，全园植草可提高 6.96～7.89cm。而干旱的 8～10 月提高相对较少，条带植草可提高 7.43～10.80cm，全园植草仅提高 1.11～1.69cm（图 5.10）。由此可知，果园植草总体上可提高 0～100cm 的土壤储水量，且条带植草高于全园植草。

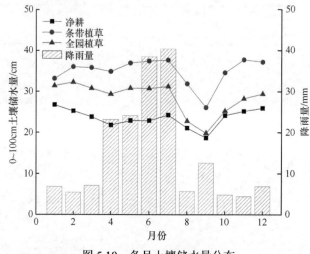

图 5.10　各月土壤储水量分布

　　果园种草对果园环境的温度影响显著，合理生草可以调节土壤温度，使土壤吸热放热减慢，提高土壤有机质的分解也能放出部分热量，从而促进果树的发育，但在不同季节其影响不同。果园生草后，水分传输由传统净耕果园的土壤–大气接触模式变为土壤–牧草–大气新模式，这将会引起水热传递规律发生变化，尤其是生草后对土壤温度的影响而导致土壤水分运动发生改变。相对柑橘园净耕，全园植草能降低夏季和秋季平均地表温度 4.95℃和 3.77℃，降低 20cm 深根际土温 1.87℃和 1.07℃（图 5.11），同时能提高

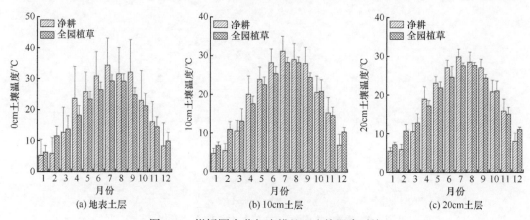

图 5.11　柑橘园生草与净耕处理土壤温度对比

冬季土壤温度 2.76℃～3.65℃，使得各层土壤温度变幅减小，缓解极端高温和低温对柑橘发育的影响，尤其是冬季低温对柑橘的影响。

果园种草对果园土壤理化性质和土壤肥力具有良好作用。研究表明，传统的净耕法导致果园土壤板结、氧扩散减少、结构破坏、理化性状变差。而果园种草可明显改善土壤物理性状，降低土壤容重，提高土壤总孔隙度、毛管孔隙度和非毛管孔隙度，增加土壤有机质含量。研究区红壤坡地柑橘园 0～25cm 和 25～50cm 土层土壤有机质监测结果显示，净耕柑橘园土壤有机质含量分别为 2.69%、1.98%，柑橘全园植百喜草的土壤有机质含量为 8.01%、4.33%，柑橘条带植百喜草的土壤有机质含量为 6.73%、3.19%。

植物径流调控技术与工程调控技术不同，其发挥径流调控的效果一般比工程调控措施要慢，只有当植被成活后形成一定的地表覆盖度时，其径流调控的功效才开始凸现。因此，在实施植物调控技术时，要结合工程调控技术，在初期发挥工程措施快速调控降雨径流的功效，保护植物措施。同时，选择良好的植物品种，如根系发达植物等，实施乔灌草多群落、多层次的植物调控措施。

丘陵山地果园生草主要技术要点有：

（1）草种选择。果园生草对草的种类有一定的要求，一般选低矮、生物量大、覆盖率高的草种。水土保持效应对坡地果园或有水土流失的地区非常重要，一般要求草种须根发达，固地性强，最好是葡匐茎植物。果树根系一般分布较深，为避免与果树竞争水、养分，应选择浅根性草种，尤以根系集中分布于地表 20cm 以内最为适宜。草种主要是栽培在果园树冠层下，其耐荫性需要特别注意。病虫害是重要问题，应筛选抗、耐病虫害、病虫害少的优良品种，并且与果树无共同的病虫害或寄主的关系，能引诱天敌，生育期较短。

（2）割草控高。控制草的长势，当草生长超过 20cm 时，适时进行刈割（用镰刀或便携式刈草机割草），一般 1 年刈割 2～4 次；豆科草要留茬 15cm 以上，禾本科留茬 10cm 左右。全园植草的，刈割下来的草就地撒开，或覆在果树周围，距离果树树干 20～30cm。

（3）施肥养草，以草供碳（有机质），以碳养根。割草后，每亩撒施氮肥 5kg，补充土壤表面氮含量，为微生物提供分解覆草所需氮元素，微生物分解有机物变成腐殖质，腐殖质能够改变土壤环境，养壮果树根系。此过程是无机物→有机物→腐殖质→供养果树→提高果品质量。

（4）雨后或园地含水量大时避免园内踩踏。果园园地含水量大，踩踏后容易造成果园土壤板结、通透性差。

3. 农业耕作拦蓄促渗技术

农艺技术在果园中的应用主要为果园顺坡套种作物和横坡套种作物。由于幼龄果园株间空地宽、土壤裸露面积大，多雨季节易造成水土流失。通过套种作物，地面覆盖度增大，加强了阻截雨水的能力，减缓了地表径流，延长了雨水渗透入土的时间，起到覆盖保土，减少蒸发和聚水、养水、调水及控制杂草滋生的作用。果园套种作物还能形成一个水、肥、气、热协调的生态系统，使园地得到尽快改良和熟化，为幼龄果树生长发育创造了良好的环境。

在果园中科学套种农作物增大了地表覆盖，可起到较好的水土保持效果。据研究区试验测定，顺坡套种多年平均径流深为 122.95mm，全年径流量拦蓄率 26.07%～86.41%，多年平均为 40.74%；横坡套种多年平均径流深为 74.72mm，全年径流量拦蓄率为 23.19%～88.5%，多年平均为 63.98%（图 5.12）。

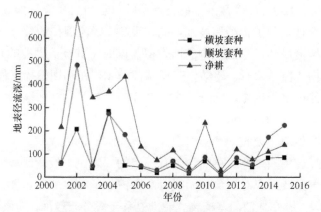

图 5.12 农艺技术地表径流拦蓄效果

农业措施中的农作物可拦截地表径流，增加土壤入渗，提高土壤含水量。由图 5.13 可知，表层土壤顺坡套种的土壤含水量低于净耕，而横坡套种土壤水分高于净耕，说明顺坡套种由于作物蒸腾作用降低土壤含水量。但套种可增加深层土壤含水量。

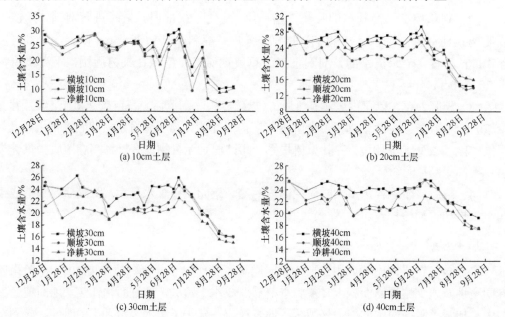

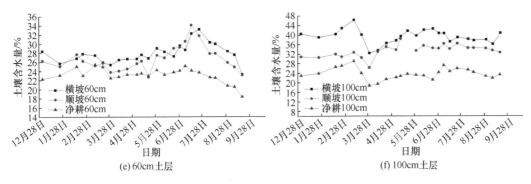

(e) 60cm土层　　　　(f) 100cm土层

图 5.13　不同套种方式下土壤水分状况

与净耕果园相比，果园套种可有效提高 0~100cm 土壤储水量，其中顺坡可提高 7.61~65.50mm，横坡套种可提高 67.09~104.02mm。在旱季的 7~9 月，顺坡可提高土壤储水量 40.89~59.22mm，横坡可提高土壤储水量 71.82~81.72mm（图 5.14）。由此可知，套种提高的土壤储水量基本可满足旱季作物缺水量。

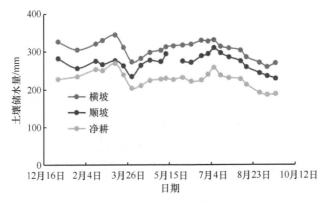

图 5.14　不同套种方式下 0~100cm 土壤储水状况

丘陵山地幼龄果园套种作物主要技术要点有：

（1）优选作物。套种作物宜矮不宜高，宜短不宜长。忌套种高秆作物和攀缘作物，以免套种作物与果树"争光"；不宜套种生育期长，特别是多年生作物，以免影响果树施肥及耕作；宜间作与果树共生期较短的作物。套种的作物应根系浅、主根不发达，同时应该有利于改良土壤、培肥地力，如大豆、花生等豆科作物和叶菜类、红薯、西瓜、萝卜等，不得套种易造成土壤贫瘠的作物。

（2）精耕细作。生态环境好坏直接关系到山地果园套种作物的成败，干旱是山地果园的突出特点，因此，丘陵山地果园套种作物一要施行等高种植，这不仅可有效拦蓄雨水，避免水土流失，又便于耕作和管理；二要深耕蓄水，拟套种作物的果园，在冬季前应进行深耕，翻埋杂草，熟化土壤，有效提高土壤储水能力，改善土壤通透性；三要平整畦面，耕地质量要达到"深、松、细、平"的标准。

（3）合理套种。幼龄果园套种要讲究方法和年限，一般在果苗定植 1~3 年进行套种，作物与果苗保持 0.6m 以上的距离，随着树苗的生长，树冠增大，套种的面积逐年缩小，套种作物面积大致比例为，前两年 70%~75%，第三年 60%左右。套种的作物不易连作，应该合理轮作换茬其他作物，以免滋生繁衍对果树有危害的病虫害，或造成土壤养分不平衡。

（4）科学施肥。南方红壤新垦果园多属酸性，且熟化度低，因此要多施有机肥及适量化肥。

（5）病虫防治。果园套种作物的病虫防治需果树作物两者兼顾，尤其对虫害应同时防治，杀灭虫源。

（6）茎叶返园。经济作物茎叶是一种很好的有机肥，作物收获后将茎叶全部覆盖果树根围，可起到抗旱保墒和土壤熟化的作用。待次年幼龄果树扩穴时全部埋入土壤，能增加土壤有机质，培肥地力，从而促进果树生长。

5.2.2　汇流蓄存技术

由第 3 章分析可知，一方面南方红壤地区降雨分配不均，坡地果园壮果成熟期存在较严重缺水；另一方面，为保证梯田的安全稳定性，在暴雨时需要将多余的径流进行输排，既要保证工程安全，又要利用水资源。因此，需要对坡面径流进行导排和蓄存。汇流蓄存技术通过在坡面下部位置或地形较低处修建蓄水池、塘库、谷坊等工程措施，利用截水沟、排水沟等沟道工程，把坡面径流有序地汇集起来，以便在干旱季节时给果树灌溉、施肥或配药等。汇流储用工程与截流工程就地利用径流有很大的不同，汇流储用工程是非原地的径流利用，同时保护更下游位置的安全。

雨水汇流蓄存技术要与节水灌溉、水土保持及生态环境建设相结合，提倡一水多用，促进水资源的高效利用，使有限的水资源尽可能发挥最大的作用。雨水集蓄工程是指对降雨水进行收集、汇流、存储以及进行节水灌溉的一套系统。它是将小流域的坡面作为天然集流场、自身作储水体、用水对象为终点，3 个环节组合为统一的雨水集蓄利用系统，一般由集雨系统、输水系统、蓄水系统和灌溉系统组成。

1. 集雨系统

集雨系统主要是指收集雨水的集雨场地。南方红壤地区多年平均降雨量为 1200~2000mm，降雨丰沛，地表径流量大，因此一般不需要采用专门的防渗材料进行集雨场地建设，只需果园自然坡面和生产道路。据研究区观测（表 5.6），果园净耕坡面多年平均集流量为 138.32m³/亩，集流效率为 14.89%，而条带植草坡面多年平均集流量仅为 10.85m³/亩，集流效率为 1.17%。由第 4 章分析可知，果园坡面集流效率随着降雨量及雨强的增加而增加。集流面坡度较大，其集流效率也较大。因为坡度较大时可增加流速，可减少降雨过程中坡面水流的深度，降雨停止后坡面上的滞留水也减少，因而可提高集流效率。

表 5.6　研究区不同措施下果园坡面典型水文年集流效率

典型水文年	指标	净耕	水平梯田	反坡梯田	草被式沟埂梯田	条带植草	横坡套种
中等干旱年（2007 年）	产流模数/（m³/亩）	48.63	25.2	9.91	9.56	9.08	12.03
	集流效率/%	7.29	3.78	1.48	1.43	1.36	1.80
特旱年（2011 年）	产流模数/（m³/亩）	19.2	13.37	5.72	4.07	4.57	5.63
	集流效率/%	3.21	2.23	0.96	0.68	0.76	0.94
多年平均	产流模数/（m³/亩）	138.32	92.88	23.65	16.69	10.85	49.82
	集流效率/%	14.89	6.57	2.54	1.80	1.17	5.36

2. 引排输水系统

输水系统是指输水沟（渠）和截流沟。其作用是将集雨场上的来水汇集起来，引入沉沙池，而后流入蓄水系统。南方丘陵山地果园输水系统一般采用果园内坡顶的截水沟和为防治洪水冲刷果园引起水土流失而设置的排水系统。引排果园生产道路径流时，截流输水沟渠可从路边排水沟的出口处连接，引到蓄水设施。蓄水季节应注意经常清除杂物和浮土。

1）适用条件

（1）截排水工程线路根据项目区地形条件，按高水高排、低水低排、就近排泄、自流原则，选择并避开滑坡体、危岩等不利地质条件。

（2）截排水工程应与整地工程、道路工程、沉沙蓄水工程同时规划设计，并以道路为骨架合理布设截水沟、排水沟、沉沙池、蓄水池等设施，形成完整的防御、利用体系。

（3）截水沟应沿治理坡面等高线方向或沿梯田傍山一侧边界布置，其纵向比降宜为1%～2%，并与垂直于等高线的沿纵向布置的排水沟衔接，以顺利导出坡面径流。当治理地块坡长较长时，应增设多级截水沟，间距应根据具体工况条件确定。截水沟高差较大时应设置急流槽或跌水。

（4）排水沟宜布置在低洼地带，并与天然沟道相连，排水沟之间及其与承泄河道之间的交角宜为30°～60°，且排放不产生环境危害。

（5）宜与蓄水工程联合布置，由坡面截排水工程截取地表径流、引入沉沙池，经沉沙后进入蓄水设施，蓄满后多余径流由排水沟排出，并与周边天然沟道顺接。

2）技术要点

截水沟一般采用梯形断面，要求能满足 3～10 年一遇短历时暴雨防御要求。当坡度较大时可采用矩形断面。截水沟不水平时，应每隔 5～10m 在沟底修筑高 0.2～0.3m 的拦挡。江西省常见的截水沟主要为砖砌截水沟、现浇混凝土截水沟、浆砌石截水沟和植草沟等。

　　排水沟一般可采用矩形或梯形断面，要求能满足 3～10 年一遇短历时暴雨防御要求。排水沟设计流速应同时满足不冲不淤要求。排水沟进口宜采用喇叭口或八字形导流翼墙，翼墙长度可取设计水深的 3～4 倍。排水沟应分段设置跌水，末端应设消能、沉沙设施。排水沟比降取决于沿线地形和土质条件，设计时宜与沿线的地面坡度相近。江西省常见的截水沟和排水沟主要有现浇混凝土沟、砖砌沟、预制混凝土梯形槽沟、浆砌石沟、红条石沟，以及设置在坡度平缓，汇水不大的浅碟式草沟。

　　考虑到项目的性质，建议在设计断面尺寸时，可采用防御标准的低限。截排沟的形式，可根据坡度、土壤性质来决定。坡度缓、黏性土壤，建议采用生态截排水沟；坡度陡、砂性土壤，建议衬砌支护，采用硬质截排水沟。截排水沟主要设计尺寸可参考表 5.7、表 5.8。

表 5.7　梯形截排水沟常见设计尺寸一览表

断面形式	材质	侧坡坡比	设计流量 / (m³/s)	沟底宽度 /m	沟深/m	开口宽度 /m	沟底比降	备注
梯形	混凝土			0.6	0.3	0.3	0.9		
		1:1	1.2	0.4	0.4	1.2		
			2.1	0.5	0.5	1.5		
			0.4	0.3	0.3	0.6		(1) 安全超高按 0.1m 计，表中所示尺寸均为沟渠净空尺寸 (2) 侧墙、底板厚度均按 0.1m 计
		1:0.5	0.8	0.4	0.4	0.8	0.087	
			1.5	0.5	0.5	1		
	浆砌石		0.4	0.3	0.3	0.9		
		1:1	0.7	0.4	0.4	1.2		
			1.3	0.5	0.5	1.5		
			0.2	0.3	0.3	0.6		
		1:0.5		0.4	0.4	0.8		
			0.9	0.5	0.5	1		

3. 蓄水系统

　　蓄水系统包括储水体及其附属设施，其作用是存储雨水。南方山地果园蓄水设施主要为蓄水池和山塘，附属设施为沉沙池。

表5.8　矩形截排水沟常见设计尺寸一览表

断面形式	材质	设计流量/（m³/s）	沟底宽度/m	沟深/m	开口宽度/m	沟底比降	备注
矩形	混凝土	0.2	0.3	0.3	0.3	0.087	（1）安全超高按0.1m计，表中所示尺寸均为沟渠净空尺寸 （2）当沟深0.3~0.5m时侧墙、底板厚度按0.1m计（混凝土材质），沟深0.6~0.7m时侧墙、底板厚度按0.2m计 （3）砖砌沟渠可参照本表设计
		0.3	0.3	0.4	0.3		
		0.4	0.4	0.4	0.4		
		0.6	0.4	0.5	0.4		
		0.8	0.5	0.5	0.5		
		1.0	0.5	0.6	0.5		
		1.3	0.6	0.6	0.6		
		1.5	0.6	0.7	0.6		
		1.9	0.7	0.7	0.7		
	浆砌石	0.1	0.3	0.3	0.3		
		0.2	0.3	0.4	0.3		
		0.3	0.4	0.4	0.4		
		0.3	0.4	0.5	0.4		
		0.5	0.5	0.5	0.5		
		0.6	0.5	0.6	0.5		
		0.8	0.6	0.6	0.6		
		0.9	0.6	0.7	0.6		
		1.1	0.7	0.7	0.7		

1）适用条件

（1）蓄水池应根据地形有利、便于利用、地质条件良好、蓄水容量大、工程量小、施工方便等条件确定其选址。沉沙池的具体位置应根据当地地形和工程条件确定。

（2）江西省蓄水池以排为主，排蓄结合。根据汇水面积、蓄水要求等确定蓄水池容量。常见的有：①小型蓄水池。结合江西省的水源现状以及蓄水工程占地等实际问题，蓄水池尺寸常用 20m³ 左右，位于坡面中部低洼处，主要用于农药化肥的配置和农具用品的洗刷。②灌溉型蓄水池。蓄水池尺寸视情况而定，位于坡面顶部，主要通过机械提水进入蓄水池进行灌溉。常与滴灌、喷灌、微喷等灌溉设备一起使用。一个坡面可集中布设一个蓄水池，也可分散布设若干蓄水池。

（3）蓄水池宜与排水沟相连。蓄水池进水口的上游附近布设沉沙池，保证清水入池。

（4）沉沙池一般布置在排水沟末端、蓄水池前端、沟渠转角或较长沟渠中段、陡槽末端、跌水下方。

2）技术要点

（1）蓄水池由水池、人梯、溢水口、放水管、引水渠组成。

水池形式有圆形、正方形及矩形等几种。正方形及矩形施工方便，但稳定性不如圆形，因此一般多采用圆形水池，侧墙高度宜控制在 3m 左右，侧墙断面多采用重力式墙，可采用浆砌石、砖砌或现浇混凝土建造，池内采用水泥砂浆抹面，厚度不低于 2cm。墙顶宽 0.2～0.3m，底宽为墙高的 0.4～0.5 倍，其断面应进行稳定验算。注意水池底板防渗处理，岩基可采用 0.2m 厚钢筋混凝土护底，土基可采用 0.3m 厚钢筋浆混凝土护底。蓄水池基础地基承载力应>150kPa，混凝土结构应视情况增加配筋。

池内设置人梯便于后期维护，人梯宽 0.5～1m，坡度 1∶0.5～1∶1，可采用砖砌，也可用钢筋爬梯。

溢水口宽宜取 0.4～0.6m，深宜取 0.3～0.4m，下接排水沟；放水孔高出池底 0.1m，尺寸为 0.2m×0.2m，可以采用 pvc 管材与池底一同浇筑，便于防渗。池身四周应修筑不低于 1.5m 高围栏或对池顶做封闭处理。

当蓄水池进口不能直接与坡面排水渠相连时，应设引水渠。引水渠其断面和比降设计可按坡面排水沟要求执行。

蓄水池主要设计尺寸可参考表 5.9、表 5.10 和表 5.11。

表 5.9 圆形蓄水池常见设计尺寸一览表

蓄水池容积/m³	直径/m	面积/m²	水深/m	墙高/m	墙底宽/m	备注
20	3	7.1	2.8	3.0	0.9	
	4	12.6	1.6	1.8	0.5	
	5	19.6	1.0	1.2	0.4	
	6	28.3	0.7	0.9	0.3	
40	4	12.6	3.2	3.4	1.0	（1）安全超高按 0.2m 计 （2）表中所示尺寸均为净空尺寸，墙顶宽 0.2～0.3m，墙底宽为墙高的 0.4～0.5 倍，加筋墙可适当降低厚度，岩基可适当减小，底板一般采用钢筋混凝土浇筑，厚度为 0.2～0.3 m
	5	19.6	2.0	2.2	0.7	
	6	28.3	1.4	1.6	0.5	
	7	38.5	1.0	1.2	0.4	
60	5	19.6	3.1	3.3	1.0	
	6	28.3	2.1	2.3	0.7	
	7	38.5	1.6	1.8	0.5	
	8	50.2	1.2	1.4	0.4	

表 5.10　矩形蓄水池常见设计尺寸一览表

蓄水池容积/m³	宽/m	长/m	面积/m²	水深/m	墙高/m	墙底宽/m	备注
20	2	3.5	7.0	2.9	3.1	1.2	
	2.5	4	10.0	2.0	2.2	0.9	
	3	4.5	13.5	1.5	1.7	0.7	
	3.5	5	17.5	1.1	1.3	0.5	（1）安全超高按 0.2m 计
40	3	4.5	13.5	3.0	3.2	1.3	（2）表中所示尺寸均为净空尺寸，墙顶宽 0.2～0.3m，墙底宽为墙高的0.4～0.5 倍，加筋墙可适当降低宽度，埋深 0.3 m，岩基可适当减小，底板一般采用混凝土浇筑，厚度为 0.2～0.3m
	3.5	5	17.5	2.3	2.5	1.0	
	4	5.5	22.0	1.8	2.0	0.8	
	4.5	6	27.0	1.5	1.7	0.7	
60	4	5.5	22.0	2.7	2.9	1.2	
	4.5	6	27.0	2.2	2.4	1.0	
	5	6.5	32.5	1.8	2.0	0.8	
	5.5	7	38.5	1.6	1.8	0.7	

表 5.11　正方形蓄水池常见设计尺寸一览表

蓄水池容积/m³	宽/m	长/m	面积/m²	水深/m	墙高/m	墙底宽/m	备注
20	3	3	9.0	2.2	2.4	1.0	
	3.5	3.5	12.3	1.6	1.8	0.7	
	4	4	16.0	1.3	1.5	0.6	
	4.5	4.5	20.3	1.0	1.2	0.5	（1）安全超高按 0.2m 计
40	4	4	16.0	2.5	2.7	1.1	（2）表中所示尺寸均为净空尺寸，墙顶宽 0.2～0.3m，墙底宽为墙高的0.4～0.5 倍，加筋墙可适当降低宽度，岩基可适当减小，底板一般采用混凝土浇筑，厚度为 0.2～0.3m
	4.5	4.5	20.3	2.0	2.2	0.9	
	5	5	25.0	1.6	1.8	0.7	
	5.5	5.5	30.3	1.3	1.5	0.6	
60	5	5	25.0	2.4	2.6	1.0	
	5.5	5.5	30.3	2.0	2.2	0.9	
	6	6	36.0	1.7	1.9	0.7	
	6.5	6.5	42.3	1.4	1.6	0.6	

（2）沉沙池常布设在沟渠中段（每隔 150m 左右设置一个）、蓄水池前端、不同沟的衔接处以及涵管的接口处。沉沙池池深为 0.5～0.9m，宽度为沟渠宽度的 2 倍，长度为沉沙池宽度的 2 倍。排水沟末端的沉沙池，池深一般为 0.7～1.2m，宽度为沟渠宽度的 2 倍，长度为沉沙池宽度的 2 倍。结合消能的沉沙池，应由消能设计确定。沉沙池进水口与出水口应错开，不能布置在一条直线上，进出水口高程也应错开，出口高程低于进口高程 0.1m。沉沙池修筑材料可采用砖砌、浆砌石和混凝土等，沉沙池主要设计尺寸可如表 5.12 所示。

表 5.12　沉沙池常见设计尺寸一览表　　　　（单位：m）

沟渠底宽	沟渠高度	沉沙池底宽	沉沙池高度	沉沙池长	沉沙池深
0.30	0.30	0.60	0.80	1.20	0.50
0.40	0.40	0.80	1.00	1.60	0.60
0.50	0.50	1.00	1.20	2.00	0.70
0.60	0.60	1.20	1.40	2.40	0.80
0.70	0.70	1.40	1.60	2.80	0.90

山塘（塘坝）是坡面径流调控储用工程中利用自然地形特征，依靠天然的地下水源和降雨径流或人工的方式引水储水的一种蓄水坑池。山塘一般位于集水坡面径流汇集的低凹处，修建山塘工程时，应注重山塘内壁的稳固，如可采取浆砌石固化内壁，在山塘岸边植树种草，既可以稳定山塘岸坡，也可以防止山塘内水分蒸发等水资源损失。山塘位于果园下部时，为防止园地泥沙随降雨径流（特别是园地整地方式不当时）流入山塘，往往在山塘与坡耕地之间种植水土保持防护林，防止坡耕地水土流失的同时保护山塘工程。

5.2.3　灌溉利用技术

南方红壤地区年降雨丰沛，干湿季分明，存在明显的季节性干旱问题。利用雨水集蓄工程作为灌溉补充水源可有效解决该问题。由于受地形、降雨资源和经济条件的限制，红壤丘陵地区雨洪集蓄灌溉不可能用传统的地面灌水方法和某些节水灌溉方式，也不可能进行充分灌溉，只能实施灌关键水或救命水的局部灌溉方式，最大限度地发挥灌溉水的效益。对于低山丘陵果园的灌溉，应因地制宜，选用经济合理的灌溉方式。

丘陵区果园节水灌溉主要从两个方面考虑：一方面应减少有限水资源的损失和浪费；另一方面要提高水分利用效率。而采用适当的灌溉技术和合理的灌溉方法，可显著提高水分的利用效率。虽然滴灌最省水，几乎没有浪费，但是滴灌对于水的要求很高，使输水阻力大增，不但耗电增加，而且灌溉效率很低，尤其是针对水分在垂直方向渗透速度过快的松散型土壤，其水平方向湿润速度很慢、扩散范围很少，滴灌只是杯水车薪，根本无法满足此类土壤的灌溉要求。喷灌，如摇臂式喷灌，它的喷灌强度较大，地面易出现径流，因为是遍地喷洒，水滴较粗，喷洒不均匀，灌溉质量较差，射程远，效率高，工程设施投资较少，但节水幅度较小。微喷灌，这是山丘果园较为合适的灌溉方式。它的性能优点在于喷灌强度小，水滴细似粗雾，土壤湿润良好，水在纵横方向渗透慢、均匀，地面不产生径流，喷水范围可局限在果树根系面积内喷洒，节水幅度很大，能满足山区果园灌溉且只需漫灌用水的 20% 左右，微喷灌需对水进行过滤，但比滴灌要求低。据相关工程估计，建成 10hm² 的微喷灌工程，总计投资约 13.4 万元，即平均每亩投资约为 900 元。

由于雨水集蓄的数量有限，为了使雨水资源能得到最有效的利用，应当采用非充分灌溉和限额灌溉的原则和方法，即只限于在作物最需水的关键期补水灌溉，这可以大大提高雨水集蓄利用工程的总体灌溉效益。果树的需水关键期为果实膨大期，该时期必须保证水分供应。

灌溉制度的制定必须以作物需水规律和气象条件（特别是降水规律）为主要依据，从当地具体条件、多年气象资料出发，针对不同水文年份，即按作物生育期降雨频率，拟定湿润年（频率为 25%）、一般年（频率为 50%）和中等干旱年（频率为 75%）及特旱年（频率为 95%）四种类型的灌溉制度。本次研究将以特旱年 95%频率下典型水文年为研究对象，分析研究区果树灌溉制定方案。

果树在各个物候期对土壤水分的要求不同，需水量也不同。试验资料显示，南方柑橘树适宜生长的土壤水分为相当于土壤田间持水量 60%～80%，其中花芽期为60%～65%，开花挂果期为 65%～70%，果实膨胀期为 78%～80%，成熟期为 70%较好。若土壤田间持水量相对湿度低于 60%，就应及时灌溉。据有关研究资料，柑橘树根系主要分布在距地表 10～50cm 的土壤中，约占总根量的 80%以上，因此灌溉计划湿润层深度定为 50cm。图 5.15 为特旱年 95%频率下典型水文年（2011 年）的土壤湿度变化情况，由图可知，特旱典型年柑橘树灌溉关键期为 7～10 月，该时期为果实膨大期（7～10 月）对水分敏感。此期间气温较高，植株蒸腾量很大，是需水量最大的生长阶段，特别是进入 9 月份，已是秋旱季节，植株的需水量已超过降雨量，土壤含水量消失得较快，若得不到及时灌水补充，叶片会卷曲，果实膨胀减慢或停止，甚至掉果。至灌溉关键期初期净耕坡面累计产流 22.61mm，即产流量约为 15m³/亩。

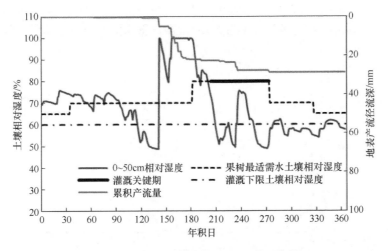

图 5.15　特旱水文年净耕柑橘园土壤湿度状况

灌溉定额按非充分灌溉（限额灌溉）的原理，根据当地或类似地区作物需水量或灌溉制度试验资料以及本地区作物生育期的降雨量确定。每次单位面积果园灌溉水量估算公式为

$$M=(0.5\sim0.8)\times h\,(w_1-w_2)/\eta \tag{5.1}$$

式中，M 为非充分灌溉条件下次灌溉定额，mm/m^2；h 为灌溉计划湿润层深度，mm；w_1 为适宜土壤体积含水量上限，%；w_2 为适宜土壤体积含水量下限，%；η 为灌溉田间水利用率，滴灌等节水灌溉条件下取 0.9。

根据计算，研究区柑橘的设计非充分灌水定额约为 5.5～8.9mm，每次喷水时间 2h 左右。根据日常降雨试验资料分析，这个定额不会造成地面径流或深层渗漏。根据表 5.2 可知，在特旱年 95%频率下（2011 年）柑橘果实膨大期净耕果园需灌水 156.5mm，则整个柑橘果实膨大期需灌溉水 18 次。

灌水周期是指前后两次灌水的相隔时间，计算公式为

$$T=\frac{M}{E} \tag{5.2}$$

式中，T 为灌水周期，d；E 为日需水强度，mm/d。

根据表 5.1 可知，柑橘果实膨大期的日平均需水量为 2.9mm，可计算得出非充分灌溉条件下灌水周期为 2～3d。

柑橘栽植密度山地果园行距约 4m，株距 2.6～4m，亩栽 42～67 株；缓坡平地行距 5m，株距 3～4m，亩栽 33～44 株。若按 1m²/棵灌溉，则可计算净耕果园每公顷需灌溉用水量约 5m³/次，需灌溉总水量约 90m³/hm²。至果实膨大关键期灌溉初期，净耕果园坡面产流可达 230m³/hm²，最少产流的草被式沟埂梯田产流量约 45m³/hm²，可满足 95% 干旱频率下灌溉需水量的 50%以上。

南方丘陵区果园常用蓄水池容积约为 30m³，有效容积 80%～90%。如提高抗旱能力 15d 左右（抗旱保障率约为 95%）（图 5.16），需每蓄水池灌溉 3～4 次，则每 10hm² 果园需蓄水池 6～9 个。

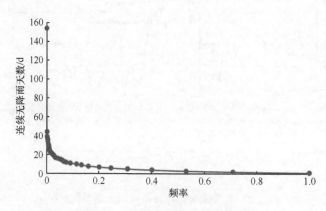

图 5.16　研究区连续无降雨天数分布

在果园开发治理中,有时坡面产生的径流在当地无法或没必要利用,而在附近其他地方则急需。在这种情况下,就需要在果园低洼处设置山塘,集蓄坡面径流。经过泥沙沉淀,采取提灌形式进行灌溉。

通过雨洪集蓄工程设置截水沟可改变坡面微地形特征,缩短坡长,拦截坡面径流,改变坡面径流的运行路径,从而减少径流冲刷,起到很好的水土保持效果。

5.3　果园径流调控与利用技术集成

水土保持是赣南丘陵、山地建园中极为重要的问题,是保持果园生态平衡的先决条件,是山、林、水、果、路综合治理的一个体系,它包括建设涵养林、等高截流沟、等高梯田、果园生草、山边沟、坡面水系工程等。根据立地条件,优化组合拦蓄促渗技术和集蓄灌溉技术,构建径流调控的雨洪资源高效利用技术体系。该技术体系主要由水土保持工程和排灌系统组成。

5.3.1　缓坡果园水土保持技术体系

坡度在 15° 以下的缓坡,雨水资源利用方式以生物拦截和农艺拦截就地促渗为主。由于该果园坡度较小,一般不需要特别整地,只需要采取条带植草、建设地埂植物带等生物措施截断坡长(图 5.17)。同时采取农林复合经营和果园生草相结合的方式,通过增加土壤表面植被覆盖度,使土壤不直接裸露,减少雨滴对土壤的溅蚀作用,既减少了土壤的水土流失,又提高了土壤的生产能力。采用经济作物套种、果园生草等措施在红壤地区都被广泛地推广,并且产生了很好的水土保持效益与经济效益。如坡度大于 8° 时且地形条件较差,则需要采取台阶整地方式(图 5.18),且可在坡面中部建设坡面水系工程,排灌结合。

图 5.17　缓坡果园水土保持技术体系

5.3.2　陡坡果园水土保持技术体系

坡度在 15° 以上的陡坡,其雨水利用方式需集成就地拦截促渗技术和汇流蓄存技术,

图 5.18　缓坡地果园水土保持技术体系

其中汇流蓄存技术的地位需要提高。陡坡果园水土保持主要为做好山顶植被保护工作，建设水源涵养林，中坡建设反坡梯田，同时配套建设坡面水系工程，排灌结合。

涵养林是在果园最高处的保留植被，就是常说的"山顶戴帽"。它兼有涵养水源，水土保持，降低风速，增加空气湿度，调节小气候诸多作用。一般坡度在 15°以上的山地要求留涵养林。涵养林范围应占坡长的 1/6～1/3。在涵养林下方挖宽、深各 1m 的等高环截洪沟。挖起的土堆在沟的下方筑成小堤，环山截洪沟内每隔 16～20m 留一土埂，土埂比沟面低 20～30cm，以拦截并分段储蓄山顶径流，防止山洪冲刷梯田果园。截洪沟与总排水沟相接处，用石块砌堤挡或种草皮，防治冲刷。

中部果园坡面具体做法是结合坡地开发的坡改梯工程，构筑坎下沟、前地埂，并在地埂、梯壁上都种植百喜草或混合草籽进行护壁护坡处理，实行果草间作，以达到保护水土的效果（图 5.18）。由于江西降水多，暴雨频发，坡面径流大，为保证梯田安全，修建反坡梯田需要配套一定的蓄排工程。一般梯面每隔 20～30m 布置一道与梯面等高线垂直正交的排水沟，通过沉沙池排入蓄水池、塘库或自然沟道，排水沟按 10 年一遇 24h 最大降雨标准设计，采用 U 形渠衬砌，蓄水池、沉沙池均采用混凝土或块石砌筑。此外，还需要修建从坡脚到坡顶、从村庄到田间的道路。道路一般宽 1～3m，比降不超过 15%。在地面坡度超过 15%的地方，道路采用 S 形盘绕而上，减小路面最大比降。坡面水系设计以坡面排灌沟渠工程为骨架，同时考虑其排灌功能的侧重点，根据其主要功能合理布设沿山沟、排水沟和截水沟，截水沟、排水沟可兼作引水渠。截水沟一般应与排水沟相接，并在连接处前后做好沉沙、防冲设施。

由此可得出，红壤丘陵区果园水土保持集成技术体系，如图 5.19 所示。

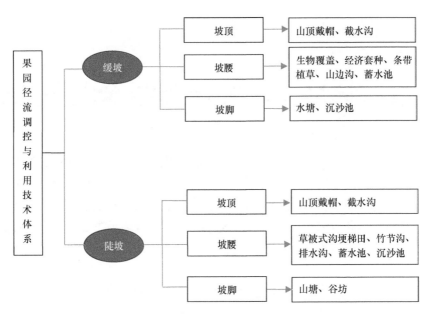

图 5.19　红壤丘陵区果园水土保持集成技术体系

第6章　林地雨水径流资源水土保持调配

水是生态系统中最活跃的因素，其对生态系统恢复有着决定性作用。近年来，由于全球气候变化引起降水格局的改变，导致水资源供需矛盾日益突出，使得水资源与土壤水分状况成为社会各界关注的热点和学术界的焦点。森林通过其林冠层、林下植被层、枯枝落叶层以及土壤层发挥了良好的水文生态效益，在减轻洪涝灾害上发挥着重要的作用，而水土保持措施的实施能够促进森林水源涵养、径流调节、土壤保持等功能的提升。

6.1　林地土壤水库库容特征

土壤作为天然"水库"，因其结构疏松多孔，成为水分蓄存和转运的空间，不仅库容庞大，而且具有不占地、不垮坝、不怕淤、不耗能、无需特殊地形等优点（黄荣珍等，2005），对生态环境及区域经济的可持续发展具有重要的现实意义。有数据显示，在长江上游地区，土壤所能够吸持的水量高达 4160.30 亿 m^3，而三峡设计的防洪蓄水量仅是其 5.32%（梁音等，1998）。研究还发现，1m 厚土壤水库的最大有效库容、兴利库容和总库容容量均大于 300mm，比一般的单次降雨量更大（黄荣珍等，2005）；3m 厚土层蓄水量集中在 1870～1990mm（Hodnett et al.，1995）。孙仕军等（2002）对平原井灌区土壤水库调蓄能力分析也表明，0～3m 层土壤有很好的蓄雨调节能力，雨季平均有近 85% 的降雨量滞蓄，其余蒸腾、蒸发散失或补给地下水。可见，土壤水库可有效减少地表径流，对水资源的调节潜力巨大。

然而，在我国南方红壤侵蚀区，由于水土流失、季节性干旱交替发生，使降雨进入土壤的通道受阻，土壤水库库容减小，严重影响了土壤水库功能的正常发挥。而植被恢复是重建和提高"土壤水库"功能的有效手段，通过恢复植被可以改善土壤的结构及其水力特性，有助于提高"土壤水库"蓄水、供水、调水及抗侵蚀功能。不同的植被类型因其林冠层、枯落物层和土壤层水文物理性质的差异，对降雨在截留、拦蓄和入渗等环节的再次分配不同，导致土壤水库蓄水、调水功效也存在一定差异。

6.1.1　土壤水库库容

1. 土壤水库库容指标计算

土壤接纳水分的能力，即土壤水库库容特征，是土壤水库利用和调节的基础。与工程水库相比，土壤水库对水资源的调蓄功能主要是通过土壤的渗入和蒸发、植物的吸收利用和蒸腾来实现，从而进一步来调节水资源的再分布。为了更清晰地说明土壤水库的调蓄功能，现将土壤水库与工程水库的主要技术指标进行对照，如表 6.1 所示。

表 6.1　土壤水库与工程水库技术指标

技术指标	土壤水库	工程水库
死库容	凋萎持水量	死水位以下的水库容积
兴利库容	毛管持水量−凋萎持水量	正常蓄水位−死水位
防洪库容	饱和持水量−毛管持水量	防洪高水位−防洪限制水位
总库容	饱和持水量	死库容+兴利库容+防洪库容
最大有效库容	饱和持水量−凋萎持水量	总库容−死库容

土壤水库各库容计算方法（黄荣珍等，2005）：

$$死库容 = 0.1\sum_{i=1}^{n}(\mathrm{WI}_i \times r_i \times H_i) \tag{6.1}$$

$$兴利库容 = 0.1\sum_{i=1}^{n}[(C_i - \mathrm{WI}_i) \times r_i \times H_i] \tag{6.2}$$

$$防洪库容 = 0.1\sum_{i=1}^{n}[(S_i - C_i) \times r_i \times H_i] \tag{6.3}$$

$$总库容 = 0.1\sum_{i=1}^{n}(S_i \times r_i \times H_i) \tag{6.4}$$

$$最大有效库容 = 0.1\sum_{i=1}^{n}[(S_i - \mathrm{WI}_i) \times r_i \times H_i] \tag{6.5}$$

式中，WI_i 为第 i 层土壤凋萎持水量；r_i 为第 i 层土壤容重，$\mathrm{g/cm^3}$；H_i 为第 i 层土壤厚度，cm；C_i 为第 i 层土壤毛管持水量；S_i 为第 i 层土壤饱和持水量；n 为土壤层次。

2. 土壤水库总库容

土壤水库总库容是指土壤剖面中容积孔隙的容量，表征土壤所能容蓄水分的总量，其组成包括死库容、兴利库容和防洪库容。在中国科学院江西省千烟洲红壤丘陵综合开发试验站（115°04′13″E，26°44′48″N），以茅草地（CK）为对照，研究木荷与马尾松混交林（MF）、阔叶混交林（BL）、封育林（ET）等不同植被类型的土壤水库特征。由图 6.1 可见，不同植被恢复类型 0～80cm 土层总库容不同，依次为 MF（354.01 mm）>BL（340.69 mm）>ET（312.40 mm）>CK（294.02 mm）。CK 总库容在土壤剖面不同层次均与 BL、MF 存在显著性差异（$P<0.05$）（图 6.1），同时略微小于 ET。随着土层深度加深，总库容减小，各种恢复模式 0～20 cm 总库容最大、占整个剖面的 26%～28%，CK、MF、BL 和 ET 20～40 cm 土层总库容比 0～20 cm 土层分别下降了 5.82%、

8.68%、11.84%和 1.51%，40～60cm 土层比 20～40cm 土层分别下降了 2.41%、3.96%、3.17%和 3.31%，60～80cm 土层比 40～60cm 土层分别下降了 7.51%、3.45%、2.91%和 3.68%，从 0～20cm 土层到 20～40 cm 土层，土壤水库总库容下降幅度在 BL 中最大，在 ET 中最小；而从 40～60 cm 土层到 60～80 cm 土层，土壤水库总库容下降幅度在 CK 中最大，在 BL 中最小。

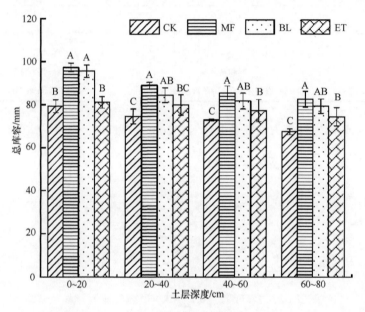

图 6.1　不同植被恢复类型土壤水库总库容

CK 表示茅草地（对照）；MF 表示木荷与马尾松混交林；BL 表示阔叶混交林；ET 表示封育林；柱状图上误差棒为标准差（n=3），不同大写字母表示土壤水库总库容在不同植被恢复类型之间差异显著（$P<0.05$），相同大写字母则表示差异不显著（$P>0.05$）

3. 土壤水库防洪库容

土壤水库防洪库容是指土壤剖面中非毛管孔隙容积的容量，表征土壤水库暂时储存水分的能力，也是径流进入土壤的主要通道。防洪库容特别是表层防洪库容越大，越有利于降雨时水分快速进入土壤水库，可有效减小地表径流。然而表层土壤的防洪库容极易受到外界的干扰和破坏，如雨滴击溅，土粒分散，容易使水分通道被细小颗粒堵塞；人为踩踏，土壤压实，使通道易被挤压变小，致使土壤水库下层库容即使再大也无法充分发挥作用。不同植被恢复类型 0～80cm 土层防洪库容以 ET 最大，为 64.85mm，依次分别是 CK、MF、BL 的 2.54 倍、1.61 倍、1.84 倍，表明 ET 土壤水库防洪能力较强，在强降雨时水分能够通过非毛管孔隙临时蓄存和下渗，一方面可延长地表径流在坡面的流动时间、增加渗透，另一方面可补充地下水，对洪峰流量具有极其重要的调节作用。不同植被恢复类型土壤水库防洪库容在土壤剖面中的变化基本上呈随深度加深而递减的趋势。不同模式相比，各土层的防洪库容均以 ET 最大，CK 最小（图 6.2）。

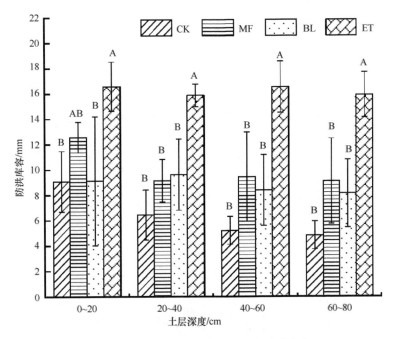

图 6.2　不同植被恢复类型土壤水库防洪库容

CK 表示茅草地（对照）；MF 表示木荷与马尾松混交林；BL 表示阔叶混交林；ET 表示封育林；柱状图上误差棒为标准差（n=3），不同大写字母表示土壤水库防洪库容在不同植被恢复类型之间差异显著（$P<0.05$），相同大写字母则表示差异不显著（$P>0.05$）

4. 土壤水库兴利库容

土壤水库兴利库容为对应于毛管持水量与凋萎持水量之间的储水量，表征土壤水库较长时间储存水分的能力。兴利库容的大小在很大尺度上对消减洪峰流量、蓄水、供水具有重要意义。不同植被恢复类型 0～80cm 土层兴利库容大小顺序依次为 MF（249.22 mm）>BL（226.44 mm）>CK（203.18 mm）>ET（198.11 mm），表明 MF 和 BL 林土壤所能储存的水量更多，调节洪峰流量和蓄供水的潜力更大。CK 兴利库容在 0～20cm 土层显著小于 BL 和 MF（$P<0.05$），与 ET 无显著差异（图 6.3）；在 20～40cm、40～60cm、60～80cm 土层，CK 明显小于 MF 且与 BL 和 ET 之间无显著差异。不同植被恢复类型土壤水库兴利库容均以表层最大，随土层深度的增加而降低；20～40cm 土层兴利库容与 0～20cm 土层相比，下降 4.33%～16.90%；40～60cm 土层兴利库容与 0～20cm 土层相比，下降 7.40%～25.70%；60～80cm 土层兴利库容与 0～20cm 土层相比，下降 14.45%～27.85%。

5. 土壤水库死库容

土壤水库死库容即土壤水库凋萎持水量对应的库容，其所蓄持的水分不能被植物吸收利用，也无法从土壤中释放，相对保持稳定，对径流的调节不起作用。不同植被恢复类型 0～80 cm 土层死库容以 BL 最高，分别为 CK、MF 和 ET 的 1.21 倍、1.22 倍和 1.59 倍（图 6.4）。0～20cm 和 20～40cm 土层 CK 死库容与 MF 和 BL 的土壤死库容

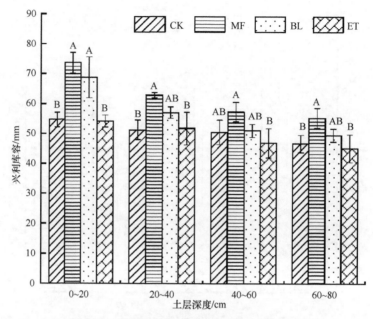

图 6.3 不同植被恢复类型土壤水库兴利库容

CK 表示茅草地（对照）；**MF** 表示木荷与马尾松混交林；**BL** 表示阔叶混交林；**ET** 表示封育林；柱状图上误差棒为标准差（$n=3$），不同大写字母表示土壤水库兴利库容在不同植被恢复类型之间差异显著（$P<0.05$），相同大写字母则表示差异不显著（$P>0.05$）

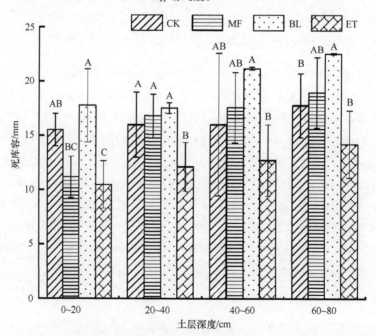

图 6.4 不同植被恢复类型土壤水库死库容

CK 表示茅草地（对照）；**MF** 表示木荷与马尾松混交林；**BL** 表示阔叶混交林；**ET** 表示封育林；柱状图上误差棒为标准差（$n=3$），不同大写字母表示土壤水库死库容在不同植被恢复类型之间差异显著（$P<0.05$），相同大写字母则表示差异不显著（$P>0.05$）

无显著差异（$P>0.05$），显著大于 ET（$P<0.05$），而在 20～40cm 和 40～60cm 土层，CK 的死库容与 ET 无显著差异。随着土层深度加深，死库容呈增加趋势，各种森林类型 0～20 cm 死库容占整个剖面的 17%～24%，CK、MF、BL 和 ET 模式 20～40 cm 土层死库容分别为 0～20 cm 土层的 1.03 倍、1.51 倍、0.99 倍和 1.16 倍，40～60cm 土层死库容分别为 0～20 cm 土层的 1.03 倍、1.58 倍、1.19 倍和 1.22 倍，60～80cm 土层死库容分别为 0～20 cm 土层的 1.15 倍、1.70 倍、1.27 倍和 1.36 倍。

6. 土壤水库最大有效库容

由于死库容对径流调节、防洪减灾不起作用，采用土壤水库总库容来表征土壤水库调水理水能力存在一定的误差，为了消除死库容的影响，项目组在先前的有关研究中提出以最大有效库容来表示土壤水库的最大防洪和蓄水能力，其为总库容与死库容的差值，表征土壤水库可能的最大有效蓄水容量。由图 6.5 可看出，不同植被恢复类型 0～80cm 土层最大有效库容大小顺序为 MF（289.43 mm）>ET（262.96 mm）>BL（261.62 mm）>CK（228.68 mm），表明 MF 能够储蓄的水分最多。CK 最大有效库容在各个土层都小于 MF、BL 和 ET，且与其他恢复类型间存在显著性差异（$P<0.05$）。各植被恢复类型土壤水库最大有效库容均随土层深度的增加而降低，以 0～20cm 土层最高，CK、MF、BL 和 ET 模式 20～40cm 土层最大有效库容比 0～20cm 土层分别下降了 9.53%、16.37%、14.28%和 4.30%，40～60cm 土层比 0～20cm 土层分别下降了 12.45%、22.53%、23.66% 和 10.29%，60～80cm 土层比 0～20cm 土层分别下降了 19.09%、25.21%、25.89%和 13.58%。ET 土壤水库最大有效库容下降幅度最小。

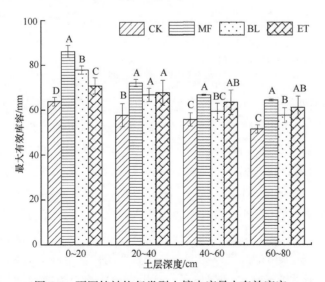

图 6.5　不同植被恢复类型土壤水库最大有效库容

CK 表示茅草地（对照）；MF 表示木荷与马尾松混交林；BL 表示阔叶混交林；ET 表示封育林；柱状图上误差棒为标准差（$n=3$），不同大写字母表示土壤水库最大有效库容在不同植被恢复类型之间差异显著（$P<0.05$），相同大写字母则表示差异不显著（$P>0.05$）

7. 不同植被恢复类型土壤水库库容组成

森林植物的生长和凋落物、根系分泌物和死根为土壤有机碳积累提供了直接的来源，而土壤有机碳的积累为土壤水库库容提供了无可替代的生物性改善。由图 6.6 可知，CK、MF 和 BL 土壤水库库容组成均表现为兴利库容>死库容>防洪库容，ET 则表现为兴利库容>防洪库容>死库容；CK、MF、BL 和 ET 土壤水库的兴利库容分别占各自总库容的 69.11%、70.40%、66.46%和 63.37%，防洪库容分别占 8.67%、11.36%、10.33%和 20.75%，死库容分别占 22.22%、18.24%、23.21%和 15.87%。从土壤水库库容的分布比例来看，MF 和 BL 林更为接近。

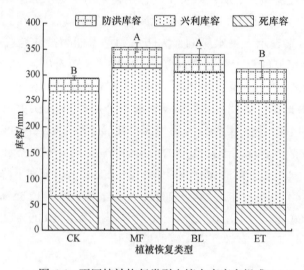

图 6.6　不同植被恢复类型土壤水库库容组成

CK 表示茅草地（对照）；MF 表示木荷与马尾松混交林；BL 表示阔叶混交林；ET 表示封育林；柱状图上误差棒为标准差（n=3），不同大写字母表示 0~80 cm 土层土壤水库总库容在不同植被恢复类型之间差异显著（$P<0.05$），相同大写字母则表示差异不显著（$P>0.05$）

良好的土壤水库应该是土层深厚、结构稳定，具有强大的持水、蓄水、透水、调水功能，能够为植物的生长发育提供良好空间，同时起到防洪防涝的作用（朱丽琴等，2016）。而不同土壤类型、不同植被恢复模式，其土壤持水性的差异对土壤水库蓄水、调水功能的发挥有着直接的影响。与黑土、潮土和天然林地红壤相比（姚贤良，1996；岳永杰，2003），红壤恢复林地土壤水库不仅死库容、兴利库容、防洪库容与总库容小，而且死库容和防洪库容占比小、兴利库容占比大。死库容占比较小可能与成土母质为红色砂岩有关，其发育形成的土壤微细黏粒含量较第四纪红土发育的红壤低；防洪库容占比小、兴利库容占比大可能与红壤黏粒、Fe/Al 氧化物含量高，而有机质含量低有关，导致由 Fe、Al 氧化物形成的微团聚体多、有机质形成的微团聚体及大团聚体相对较少。侵蚀退化恢复地土壤水库防洪库容占比较小的特性对于其透水理水、土壤结构与功能的恢复造成巨大的负面影响，一方面不利于雨水的渗透和地表径流的削弱，在雨强较大时无法及时渗透，从而形成较大的地表径流和较强的土壤冲刷；另一方面土壤水分未能得到充分的补充，导致土壤含水量经常处于亏缺状态，影响林木根系水分吸收和土壤微生物活动，不能快速有效培育土壤肥力，同时也延滞恢复地森林生态系统的物质和能量循环，使得土壤结构和功能恢复缓慢。因此，维护、改善与合理利用土壤水库，使水库功能得以正常发挥，有利于植被的恢复与稳定，对有效防治红壤侵蚀区严重水土流失、提高防洪减灾能力、缓解季节性干旱具有重要的实践意义。

6.1.2 土壤有机碳与库容的关系

植被恢复过程是与土壤环境相适应的过程（赵世伟，2012），其显著特征表现在凋落物腐化后归还土壤、植被根系生长穿插及土壤微生物活动等，不仅能够向土壤提供新的碳源，而且能够改变土壤的孔隙状况，增加土壤的通气性能及透水性能，从而改善土壤环境，提高土壤肥力（Horn and Smucker，2005）；土壤结构和功能的改善反过来将促进生物多样性的形成、植被的加速生长。然而在我国南方红壤侵蚀区，侵蚀退化恢复地虽然植被覆盖率和多样性有了很大的提升，在暴雨季节依然面临山洪频发的威胁。究其原因，很多侵蚀地虽然植被得以快速恢复，但土壤包括土壤水库的生态功能未能得到同步的恢复。加上降雨量大而集中，且暴雨频繁，降雨无法及时入渗，从而形成超渗地表径流、造成强烈土壤冲刷。与华北潮土、东北黑土、西北黄土相比，红壤由于本身黏粒含量较高，其防洪库容和有效库容大约仅为它们的一半，使红壤更容易受到干旱威胁（赵其国，2002）。已有研究发现土壤有机碳含量的提高可改善土壤的持水性能（梁向锋，2008），土壤有机质的积累构成了土壤水分环境恢复和改善的主导因素（赵世伟，2012）。通过植被恢复，土壤有机碳增加，土壤结构及其水力特性得到改善，土壤水库蓄水、供水、调水及抗侵蚀功能得到提高（黄荣珍，2017）。

在中国科学院江西省千烟洲红壤丘陵综合开发试验站，选择阔叶混交林、木荷与马尾松混交林和马尾松与阔叶树复层林为研究对象，研究退化地森林恢复后土壤有机碳和土壤水库容之间的相关性（朱丽琴，2015）。在 0～60cm 土层，第一对典型变量解释了86.61%的信息量，第二对典型变量解释了 11.55%的信息量，该两对典型变量经过 Wilks' Lambda、Pillai's Trace、Hotelling-Lawley Trace 和 Roy's Greatest Root 等四种典型相关分析的总体检验，显著性都小于 0.001，因此，有机碳组与库容组之间存在着典型相关关系，能够用有机碳数据解释库容数据。

1. 相关系数矩阵

根据原因组的总有机碳密度（x_1）、微生物量碳密度（x_2）、水溶性有机碳密度（x_3）和易氧化有机碳密度（x_4）4 个指标两两间的相关系数，除了自身间的相关系数为 1.0000外，其他相关系数在–0.2131～0.4693 之间（表 6.2），说明这 4 个变量间的相关程度不高，可见 4 个因子间的信息重叠性不高，因此，典型相关分析可以将这 4 个指标一起作为原因组。结果组的死库容（y_1）、兴利库容（y_2）和防洪库容（y_3）3 个变量间的相关系数在 0.1885～0.6233 之间，其相互间的信息重叠性也不是很高，因此，典型相关分析亦可将这 3 个指标一起作为结果组。

表 6.2　不同因子间的相关系数矩阵

因子	x_1	x_2	x_3	x_4	y_1	y_2	y_3
x_1	1.0000	0.1524	0.0294	0.2565	−0.1864	−0.0125	0.2516
x_2	0.1524	1.0000	−0.2131	0.4693	−0.0585	−0.1845	−0.0768
x_3	0.0294	−0.2131	1.0000	−0.1910	0.6917	0.7867	0.2301
x_4	0.2565	0.4693	−0.1910	1.0000	−0.1419	−0.1665	−0.3198
y_1	−0.1864	−0.0585	0.6917	−0.1419	1.0000	0.6233	0.1885
y_2	−0.0125	−0.1845	0.7867	−0.1665	0.6233	1.0000	0.3234
y_3	0.2516	−0.0768	0.2301	−0.3198	0.1885	0.3234	1.0000

从有机碳组和库容组两两间的相关系数来看，水溶性有机碳密度（x_3）与死库容（y_1）、兴利库容（y_2）间的相关系数分别为 0.6917 和 0.7867，说明土壤水溶性有机碳密度的增加对土壤水库的死库容和兴利库容的增长具有明显的影响。对于土壤水库防洪库容来说，土壤总有机碳密度影响最大，相关系数为 0.2516。

2. 典型相关系数及检验

由表 6.3 可知，第一对典型变量的典型相关系数为 0.840，通过显著性检验（$P=0.01$）；第二对典型变量的典型相关系数为 0.492，通过显著性检验（$P=0.01$），可利用其进行补充分析；第三对典型变量的典型相关系数为 0.220，没有通过显著性检验（$P=0.01$）。因此，有机碳组与库容组之间存在典型相关关系，能够用有机碳数据来解释库容数据，可以用第一对和第二对典型变量来进行典型关系分析。

表 6.3　典型相关系数及检验

序号	典型相关系数	相关系数的卡方统计值	自由度	显著性
1	0.840	458.010	12.000	0.000
2	0.492	348.000	6.000	0.000
3	0.220	175.000	2.000	0.013

3. 典型变量系数

为了分析两组因子形成典型变量时相对作用的大小，来自有机碳的原因组第一对典型变量为

$$M_1=0.196x_1+0.052x_2+1.000x_3+0.049x_4 \tag{6.6}$$

对于有机碳原因组的第一对典型变量，x_3 的系数最大，为 1.000，因此可近似代表土壤有机碳水平。来自库容的结果组第一典型变量为

$$N_1=0.463y_1+0.673y_2+0.111y_3 \tag{6.7}$$

对于库容结果组的第一对典型变量，兴利库容和死库容的系数相对较大，两者联合

可表示土壤水库库容状况。

第二对典型变量的典型相关系数为 0.4918，可利用其进行补充分析，来自有机碳的原因组第二对典型变量为

$$M_2=0.833x_1+0.114x_2-0.003x_3-0.848x_4 \tag{6.8}$$

对于有机碳原因组的第二对典型变量，x_1 的系数最大，为 0.833，表明其对土壤有机碳水平具有显著性影响；x_4 的系数的绝对值为 0.848，显示其反向即不易氧化的有机碳对土壤有机碳水平具有重要的影响。

$$N_2=-0.346y_1+0.116y_2+0.986y_3 \tag{6.9}$$

对于库容结果组的第二对典型变量，防洪库容的系数高达 0.986，表明其对土壤水库库容状况具有极显著的影响。

4. 典型结构分析

结构分析是根据因子在典型变量上的负载系数，在第一对典型变量中（图 6.7），y_1、y_2、y_3 在库容结果组 N_1 上的负载系数都是正数，且 y_1 和 y_2 的负载系数较高，分别为 0.861 和 0.926，因此，3 个库容变量与结果组第一对典型变量 N_1 是正相关的，且与 y_1、y_2 的相关程度很高。x_3 在原因组的第一对典型变量 M_1 上的负载系数很高，达 0.981，而 x_1、x_2 和 x_4 在 M_1 上的负载系数不高，说明原因组第一对典型变量 M_1 反映土壤的有机碳水平。由于第一对典型变量间的相关系数达 0.840，说明每当土壤有机碳水平提高 1% 时，土壤水库库容就会增加 0.84%。这种作用体现了土壤有机碳水平对土壤水库库容的增加有显著的因果影响关系，其中对有机碳水平起到主导性贡献作用的是水溶性有机碳。同时，土壤的有机碳水平对土壤水库防洪库容的影响程度明显小于死库容和兴利库容。根据第一对典型变量结构关系，若土壤有机碳水平提高 1%，死库容和兴利库容可分别增加 0.72% 和 0.78%，而防洪库容仅增加 0.16%，占死库容和兴利库容增加幅度的 22.50% 和 20.94%。

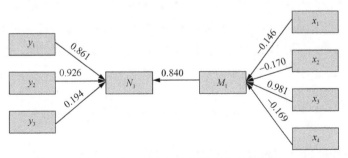

图 6.7　第一对典型变量的结构关系图

利用第二对典型变量进行补充分析，从图 6.8 所示可看出，y_2、y_3 在库容结果组 N_2 上的负载系数都是正数，且 y_3 的负载系数高达 0.958，因此，这 2 个库容变量与结果组第二对典型变量 N_2 是正相关的，且与 y_3 相关程度很高。x_1 在原因组的第二对典型变量

M_2 上的负载系数高达 0.633，而 x_2、x_3 和 x_4 的负载系数不高，说明原因组第二对典型变量 M_2 也能一定程度上反映土壤的有机碳水平。由于第二对典型变量间的相关系数达 0.492，说明每当土壤有机碳水平提高 1% 时，土壤水库库容就会增加 0.49%。这种作用体现了土壤有机碳水平对土壤水库库容的增加有较好的因果影响关系，其中总有机碳对有机碳水平增加起到主要作用。同时，土壤有机碳水平对土壤水库防洪库容的影响程度明显高于死库容和兴利库容。根据第二对典型变量结构关系，若土壤有机碳水平提高 1%，兴利库容和防洪库容可分别增加 0.11% 和 0.47%。

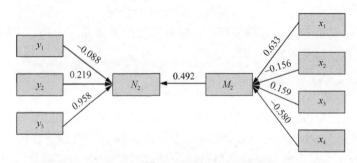

图 6.8　第二对典型变量的结构关系图

　　森林通过凋落物归还、细根周转、根系分泌等向土壤归还大量的有机物，而有机质是土壤团聚体的胶黏剂，有利于土壤水稳性团聚体的形成和增加（Six et al.，2000），从而降低土壤密度、改善土壤的孔隙状况，同时也提高了土壤水库的库容。其次，林地由于良好的植被和枯枝落叶层的覆盖作用，避免了林地土壤遭受雨滴直接击溅而使土粒分散，从而使土壤孔隙免受细小颗粒堵塞，保护林地土壤水库库容不受破坏或降低，提高了林地土壤水库库容的有效性。再次，林地植被根系生长过程中，对土壤的穿插切割作用以及根系死亡腐烂后留下的大量根孔，增加了林地土壤的孔隙度，改善了林地土壤的孔隙状况，进而增加了林地土壤水库的库容量。构成土壤水库库容的孔隙存在于不同大小团聚体之间和内部，依据自然特性，其等级的形成和团聚体等级相对应（McCarthy et al.，2008），要达到促进植被恢复和提高森林理水调水功能的统一目的，需要大、小团聚体都得到增加，方可令防洪库容和兴利库容同时得以改善和提升，达到防洪和蓄水、供水的多重目的。

6.2　林地雨水径流调蓄能力

　　良好的森林通过林冠截留、树干径流、蒸散、凋落物层截留、土壤渗透等，调节森林流域径流的组成、水质和水量，并通过这些功能综合发挥其理水调洪效能。森林植被通过对水分循环与过程的生物调控成为控制水土流失的关键因素。但是，受到破坏或侵蚀退化地恢复的林地理水调洪能力很差，需要结合工程措施等其他手段促进其植被恢复进程，从而更好地发挥森林的蓄水保水、水源涵养、土壤保持、生态维护等功能。

6.2.1 水土保持措施对坡地径流的影响

在江西省赣州市于都县左马小流域建立径流小区，设置荒地（对照，1#小区）、乔+灌+草+竹节水平沟（2#小区）、油茶+竹节水平沟（3#小区）、油茶+植物篱（4#小区）、脐橙+水平台地+梯壁植草（5#小区）五种处理，研究林地水土保持措施对产流的影响。采用成因分析法，将采用水土保持措施小区（2#、3#、4#、5#小区）的径流量与对照小区（1#小区）径流量对比计算蓄水减流效应。由表 6.4 知，年均径流量最小的为 3#小区，仅为年均径流量最大小区（1#小区）的 15.95%，另外 2#和 5#小区的减流效应也很明显。2#~5#小区减流率分别为 68.85%、84.05%、35.60%、78.34%。2#、3#、5#小区减流效果较好的主要原因是：由于采取竹节水平沟或水平台地等工程措施后截短了坡长，分段拦蓄径流，改变了下垫面，微地形的改变使得径流水动力减小，汇流方式也随之变化，同时植物措施增加了地表覆盖，增加了土壤入渗，从而使产流量明显减小。

表 6.4　2010~2012 年不同措施小区径流量特征分析

小区编号	处理措施	径流总量/m³	年均径流量/m³	减流率/%
1#	荒地（对照）	135.6	45.20	——
2#	乔+灌+草+竹节水平沟	42.24	14.08	68.85
3#	油茶+竹节水平沟	21.63	7.21	84.05
4#	油茶+植物篱	87.34	29.11	35.60
5#	脐橙+水平台地+梯壁植草	29.36	9.79	78.34

6.2.2 水土保持措施对林地地上和地下部分持水能力的影响

在泰和县老虎山小流域内（114°52′~114°54′E，26°50′~26°51′N），以地表裸露马尾松林分（对照，A）,封育马尾松林分（B）、竹节沟马尾松林分（C）、种草竹节沟马尾松林分（草种为百喜草，D）和竹节沟湿地松林分（E）为研究对象，研究水土保持措施对林地降雨调蓄和土壤水分的影响。

1. 地上部分持水能力

1）乔木层持水量

降雨时，林冠层是森林截留降水的第一个层次，而林冠层的截留能力的大小取决于林分枝叶生物量、叶面积指数和枝叶表面粗糙度。由表 6.5 可见，五种林分相比，林冠层持水量分别为 E>D>C>B>A，竹节沟湿地松为地表裸露马尾松的 3.48 倍，种草竹节沟马尾松林分的为竹节沟马尾松林分的 1.10 倍，封育马尾松林分和竹节沟马尾松林分的接近。表明林冠层能有效地截留一部分降水，减弱降雨对林地直接溅击作用，延缓和减少地表径流。

表 6.5　不同森林修复模式林分地上部分持水能力

修复模式	修复模式	林冠层		灌木层		草本层		枯枝落叶层		合计
		生物量 /(t/hm²)	持水量 /(mm/hm²)	生物量 /(kg/hm²)	持水量 /(mm/hm²)	生物量 /(kg/hm²)	持水量 /(mm/hm²)	生物量 /(t/hm²)	持水量 /(mm/hm²)	持水量 /(mm/hm²)
A	地表裸露马尾松	16.10	3.90	267.90	0.14	31.05	0.02	2.37	0.51	4.57
B	封育马尾松	19.67	4.76	2871.85	1.54	141.23	0.18	1.67	0.29	6.77
C	竹节沟马尾松	20.00	4.84	423.61	0.27	96.67	0.12	3.17	0.67	5.90
D	种草竹节沟马尾松	21.97	5.32	782.03	0.42	334.66	0.25	4.17	0.92	6.91
E	竹节沟湿地松	56.01	13.57	2859.46	1.48	182.05	0.52	1.92	0.29	15.86

2）林下植被层

林下植被层是林分发挥蓄水保土作用的第二个层次，因其紧靠地表，防治降雨对林地的直接溅击作用与保护作用不亚于林冠层，从表 6.5 可以看到，A、B、C、D、E 模式的林下植被层（灌木层+草本层）的持水量分别为 0.16 mm/hm²、1.72 mm/hm²、0.39 mm/hm²、0.67 mm/hm² 和 2.00 mm/hm²，竹节沟湿地松林分最大，为地表裸露马尾松林分的 12.50 倍，封育马尾松林分位居其次，竹节沟马尾松林分较小，但也为地表裸露马尾松林分的 2.44 倍。竹节沟湿地松林分的持水层高居第一，其中竹节沟湿地松林分的持水能力主要为林下灌木贡献。

3）枯枝落叶持水量

林下土壤的表面，覆盖着厚厚的一层由苔藓及森林物落下的茎叶、枝条、花、果实、树皮等凋落物及动植物尸体分解的部分，称为枯枝落叶层。森林的枯枝落叶层具有较大的水分截持能力，从而影响穿透降雨对土壤水分的补充和植物的水分供应。枯落物的各种持水性能因林分类型、枯落物构成、蓄积量大小、分解状况以及干湿度、降雨等气象条件而变化。林地枯落物层不仅具有涵养水源的功能，而且为土壤提供丰富的有机质养分，对土壤的水分物理性质产生积极的影响。

枯落物的持水量只能说明枯枝落叶层最大可截留水量，并不等同于枯落物实际对降水的截留量，枯落物实际截留量还与枯落物的湿润周期、前期含水量、降水特性、干燥度等有关。一般情况下，枯落物层的含水率受到了降雨特性的制约，随季节的变化而变化，2～3 月春旱期，降水少而且蒸发强烈，含水率呈明显的下降趋势，其吸持水的能力也增强；进入雨季后，含水率突然增加，其吸持水的能力逐渐减弱，受降雨影响而有差别，5～6 月含水率增至最高值但是吸持水的能力降至最低值；雨季结束以后，枯落物的含水率和吸持水的能力又达到了中等的水平。不同的降水级别下，枯落物的截留量不同。由表 6.5 可以看出，种草竹节沟马尾松林分枯落物层持水量达到最大的 0.92 mm/hm²，封育马尾松和湿地松的最小，只为种草竹节沟马尾松林分的 31.52%。

2. 地下部分持水能力

1）土壤层持水性能

土壤是森林生态系统中进行物质和能量交换使植物赖以生存的场所，其水分状况是土地质量评价的重要指标之一。森林土壤层是森林水文效应的第四层次，是森林生态系统中水分的主要蓄积库。森林能改善土壤的物理性状，尤其是能增加土壤的非毛管孔隙。降雨进入森林时，由于受到林冠层、林下植被层和枯枝落叶层的阻挡作用，雨滴对土壤的冲击大大被减弱，从而减少了地表径流强度和土壤结构受破坏程度，大部分降水沿土壤孔隙下渗，暂时储存于土壤孔隙中，因而森林土壤涵养水分能力主要取决于土壤孔隙状况。表 6.6 表明，0～40cm 层土壤中，地表裸露马尾松、封育马尾松、竹节沟马尾松、种草竹节沟马尾松和竹节沟湿地松总持水量分别为 156.00 mm、168.10 mm、166.93 mm、230.05 mm、139.23 mm；以竹节沟湿地松林分最低，种草竹节沟马尾松林分最高，为竹节沟湿地松的 1.65 倍，说明湿地松土壤非毛管孔隙和总孔隙度比马尾松低。封育马尾松林分和竹节沟马尾松林分比较接近，同时两者分别比地表裸露马尾松高 30.92% 和27.29%。种草竹节沟马尾松林分土壤持水量最高，尤其是 0～20cm 层土壤，这可能与百喜草对地表土壤的改良有关，促进其孔隙增加，持水性能增强，揭示了水土保持种草不仅可以增加地表覆盖，直接减少径流和土壤冲刷，亦可通过其有利于表层土壤成熟和改良、改善土壤理化性质以及更好保护地表，起到进一步的水土保持作用。

表 6.6　不同修复模式林分土壤层持水能力比较

代号	修复模式	土层厚度/cm	平均容量/（g/m³）	毛管持水量/mm	最大持水量/mm	总持水量/mm
A	地表裸露马尾松林分	0～20	1.43	72.36	76.20	156.00
		20～40	1.45	76.03	79.80	
B	封育马尾松林分	0～20	1.36	69.34	79.41	168.10
		20～40	1.44	73.64	88.69	
C	竹节沟马尾松林分	0～20	1.37	76.67	86.51	166.93
		20～40	1.67	77.66	80.42	
D	种草竹节沟马尾松林分	0～20	1.29	138.69	144.08	230.05
		20～40	1.58	77.20	85.97	
E	竹节沟湿地松林分	0～20	1.62	52.87	64.00	139.23
		20～40	1.53	48.81	75.23	

2）土壤渗透性

土壤的渗透性是描述土壤入渗快慢极为重要的土壤物理特征参数之一，是林分涵养水源的重要指标。森林在枯落物层和根系的作用下，通过渗透，把降水转为壤中流与地下径流。已有研究表明，在其他条件相同情况下，土壤渗透性能越好，地表径流越少，土壤的流失量也相应减少，不同修复模式林地土壤渗透性能存在着很大差异，因此分析不同修复模式的土壤渗透性能对合理恢复植被及科学评价水源涵养能力有重要的指导意义。由图 6.9 可知，土壤初渗率为 B>D>A>C>E，入渗速度在开始阶段陡降，随着时间的推移，下降幅度逐渐减小，最后达到稳渗。其中种草竹节沟马尾松林分达到稳定入渗时间最长,达 80min；竹节沟马尾松林分达到稳渗的时间最短，仅为 30min。可以看出封育马尾松林地土壤入渗特征最好，可以有效地延缓地表径流的产生，抑制土壤侵蚀，有利于水土保持。

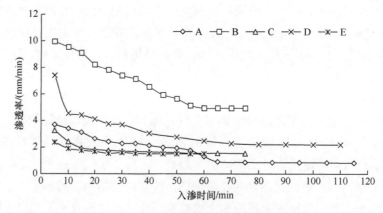

图 6.9　不同森林修复模式林地土壤入渗过程

6.3　水土保持调配技术

在江西省泰和县老虎山小流域选择裸露地、水保林、水保林+竹节水平沟和水保林+竹节水平沟+枯落物覆盖 4 个试验坡面样地进行全年取样试验，开展研究。

6.3.1　土壤不同层次的蓄水量

对 a 裸露（简写 a）、b 水保林（简写 b）、c 水保林+竹节水平沟沟内（简写 c-沟内），c 水保林+竹节水平沟沟外（简写 c-沟外），d 水保林+竹节水平沟+枯落物覆盖沟内（简写 d-沟内），d 水保林+竹节水平沟+枯落物覆盖沟外（简写 d-沟外）6 个不同处理样地进行分析，计算各土层蓄水量总和，如表 6.7、图 6.10 所示。总体而言，土壤蓄水量由大到小的顺序依次为 d-沟内>c-沟内>a>d-沟外>c-沟外>b，偶尔出现 a>c-沟内的情况。a 处理裸露坡面的蓄水量较大，和其没有植物的吸收和蒸腾作用有关。水保林下的 b 裸露处理蓄水量最小。

处理 a 的蓄水量为 141.4～200.3mm，处理 b 的蓄水量为 81.7～89.6mm，处理 c-沟内的蓄水量为 128.6～197.2mm，处理 c-沟外的蓄水量为 107.5～157.9mm，处理 d-沟内

的蓄水量为 184.4～207.2mm，处理 d-沟外的蓄水量为 137.8～168.9mm。可以看出：①土壤的蓄水量很大，即土壤水库的库容较大；②竹节水平沟沟内的蓄水量相对更大；③枯落物覆盖区域蓄水量随降雨月际变化而变化的幅度不大；④水保林下水土流失区域土壤蓄水量相对最小且月际变化不大。

表 6.7　各样地各土层蓄水量　　　　　　　　　（单位：mm）

样地	4 月	6 月	7 月	8 月	9 月
a-20	71.6±0.5	58.1±0.3	41.4±7.8	52.5±11.8	37.4±8.5
a-40	62.2±7.2	52.2±9.2	46.2±2	48.6±5.3	40.3±6.2
a-60	66.5±3.1	58.4±2.4	53.8±2.4	55.3±4.1	45.6±3.9
b-20	35.6±8.1	31.0±0.3	30.0±9.0	24.4±1.7	24.6±0.5
b-40	25.2±0.7	29.0±0.3	28.1±2.2	28.6±7.5	30.2±6.3
b-60	27.7±4.3	29.6±6.1	30.4±2.9	28.8±7.0	31.1±7.9
c-沟内-20	73.1±6.8	54.0±6.9	47.9±6.1	55.6±3.7	44.7±8.8
c-沟内-40	60.3±5.8	48.4±5.9	46.7±6.4	49.6±6.4	39.6±8.8
c-沟内-60	63.9±6.3	50.2±4.7	49.6±7.1	46.4±11.7	44.2±13.0
c-沟外-20	53.0±9.9	45.6±4.9	35.3±6.5	34.3±8.6	38.1±8.3
c-沟外-40	56.9±4.6	36.2±5.2	41.9±10.6	38.0±6.3	38.3±10.8
c-沟外-60	48.0±9.4	42.2±10.8	35.5±8.5	35.6±9.4	31.2±9.3
d-沟内-20	81.3±5.9	63.7±6.8	59.0±1.5	66.1±5.7	68.3±4.7
d-沟内-40	67.0±7.6	51.9±3.5	63.6±0.6	60.7±1.2	65.4±6.7
d-沟内-60	58.8±3.3	65.8±2.5	62.1±1.6	57.5±3.1	62.0±4.5
d-沟外-20	46.5±0.6	43.7±10.4	35.2±7.1	36.6±5.8	38.0±9.9
d-沟外-40	61.7±8.8	57.7±3.3	51.0±3.5	52.8±7.8	49.7±6.4
d-沟外-60	60.7±6.1	65.5±2.9	51.6±2.3	56.7±3.2	53.5±1.7

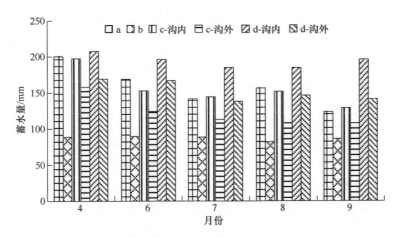

图 6.10　不同处理土壤 0～60cm 土层蓄水量

6.3.2 竹节水平沟和地表覆盖对蓄水量影响

以 b 水保林下裸露样地为对照，计算 c 水保林+竹节水平沟、d 水保林+竹节水平沟+枯落物覆盖对 0～60cm 土层土壤蓄水量的增加率。

如表 6.8 所示，有竹节水平沟的样地每月对坡面土壤蓄水量均有增加。水保林+竹节水平沟沟内蓄水量可增加 50%～123%，沟外蓄水量可增加 25%～78%；水保林+竹节水平沟+枯落物覆盖沟内蓄水量可增加 109%～134%，沟外蓄水量可增加 56%～91%。可见，竹节水平沟具有增加坡面土壤水库蓄水量的作用。

表 6.8　竹节水平沟对蓄水量的增加率　　　　　　　（单位：%）

样地	4 月	6 月	7 月	8 月	9 月
c-沟内	123	70	63	86	50
c-沟外	78	38	27	32	25
d-沟内	134	119	109	126	128
d-沟外	91	86	56	79	64

沟内蓄水量增加量大于沟外，水保林+竹节水平沟+枯落物覆盖措施下沟内蓄水量增加量在这 5 个月都在 1 倍以上；水保林+竹节水平沟措施下沟外蓄水量增加量最少，但也可在 25%以上，即在同样水保林下，有竹节水平沟措施的坡面在沟外的土壤蓄水量也可比无竹节水平沟措施大 25%以上。由此可见，竹节水平沟无论沟内还是沟外，在主汛期 4～6 月和伏旱期 7～8 月，都能起到蓄积水分、增加土壤水库库容的作用，这对于防汛和抗旱都具有重要意义，是南方红壤侵蚀区调控水量的治本措施之一。

表 6.9　竹节水平沟沟内外土壤蓄水量

月份	点位	土壤蓄水量/mm		差值比例/%
		沟内	沟外	
4	c-20	73.1	53	37.9
	c-40	60.3	56.9	5.9
	c-60	63.9	48	32.9
	d-20	81.3	46.5	74.8
	d-40	67	61.7	8.6
	d-60	58.8	60.7	−3
6	c-20	54	45.6	18.6
	c-40	48.4	36.2	33.7
	c-60	50.2	42.2	18.8
	d-20	63.7	43.7	46
	d-40	66.5	57.7	15.3
	d-60	65.8	65.5	0.4

续表

月份	点位	土壤蓄水量/mm		差值比例/%
		沟内	沟外	
7	c-20	47.9	35.3	35.7
	c-40	46.7	41.9	11.4
	c-60	49.6	35.5	39.8
	d-20	59	35.2	67.3
	d-40	63.6	51	24.8
	d-60	62.1	51.6	20.3
8	c-20	55.6	34.3	62.2
	c-40	49.6	38	30.7
	c-60	46.4	35.6	30.3
	d-20	66.1	36.6	80.9
	d-40	60.7	52.8	14.9
	d-60	57.5	56.7	1.5
9	c-20	44.7	38.1	17.4
	c-40	39.6	38.3	3.6
	c-60	44.2	31.2	41.8
	d-20	68.3	38	79.7
	d-40	65.4	49.7	31.5
	d-60	62	53.5	15.9

　　从各土层的蓄水量来看，如表 6.7 所示，d 水保林+竹节水平沟+枯落物覆盖措施沟外的土壤蓄水量基本自 20cm 土层到 40cm 土层再到 60cm 土层逐渐增加，c-沟内和 d-沟内基本为 20cm 土层蓄水量最大，其他措施不同土层蓄水量无明显规律，各层的土壤蓄水量相差不大。

　　从沟内、沟外蓄水量的对比来看，如表 6.9 所示，沟内土壤蓄水量基本比沟外大，其中 c 水保林+竹节水平沟措施在 20cm 和 60cm 沟内蓄水量比沟外大很多，比例达 17.4%～62.2%，差值比例基本在 30%左右。d 水保林+竹节水平沟+枯落物覆盖措施在 20cm 沟内蓄水量比沟外也大很多，比例达 46%～80.9%，其中在夏季的 8 月差值比例达 80.9%。以上均说明竹节水平沟具有明显的蓄积水分的作用。

6.3.3　不同处理土壤含水量月际变化

　　为了分析土壤含水量的月际变化，因土壤含水量受降雨影响，将月降雨量和取样前 5 日的降雨量考虑在内，如图 6.11 所示。b 样地（水保林）、d 样地（水保林+竹节水平沟+枯落物覆盖）沟外和沟内的土壤含水量如图 6.12、图 6.13 和图 6.14 所示。

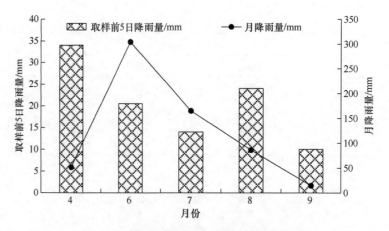

图 6.11　试验区月降雨量及取样前 5 日降雨量

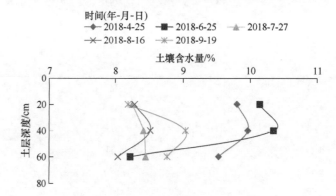

图 6.12　b 样地不同月份土壤含水量变化

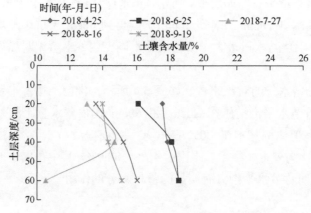

图 6.13　d 样地沟外不同月份土壤含水量变化

　　从 b 样地（水保林）来看，土壤含水量基本呈现下层低于表层的规律，且表层与降雨量大小的关系比较明显。在 0~20cm 土层深度，含水量由大到小依次为 6 月、4 月、8 月、7 月和 9 月；20~40cm 含水量由大到小依次为 6 月、4 月、9 月、8 月和 7 月；40~60cm

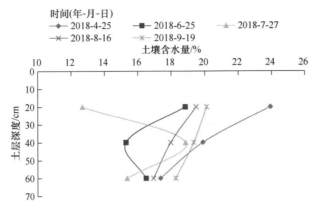

图 6.14　d 样地沟内不同月份土壤含水量变化

含水量由大到小依次均为 4 月、9 月、7 月、6 月和 8 月。月降雨量由大到小依次为 6 月、7 月、8 月、4 月和 9 月，因 4 月取样时前期降雨量最大，所以含水量大；7 月和 8 月受蒸发量大影响，土壤含水量小；受蒸腾作用影响，下层含水量比上层小。总体而言，b 样地马尾松水保林的土壤含水量无论表层还是下层，含水量都很低，都低于有竹节水平沟的样地，这也是产生林下水土流失的原因之一。

d 样地（水保林+竹节水平沟+枯落物覆盖）沟外土壤含水量相对较低，可能受蒸发和植物蒸腾作用影响，在上层 0~20cm 土层还是夏季的 7 月和 8 月含水量最低，含水量基本呈现随着土层深度的增加而增大的规律。

d 样地（水保林+竹节水平沟+枯落物覆盖）沟内则有所不同，基本为表层的土壤含水量最大，随着土层深度的增加，含水量减小，这和沟内无树木根系作用有关。总体而言，因径流易汇入竹节水平沟，沟内土壤含水量相对较大。受竹节水平沟微地形和枯落物覆盖的影响，在降雨量和取样前期降雨量都很小的 9 月，土壤含水量仍然较高，为 18%~21%，高于 7 月、8 月和 6 月。相对而言，受枯落物覆盖影响，沟内土壤含水量随月际变化的幅度相对不大。

第7章 小流域雨水径流资源水土保持调控技术模式

7.1 小流域雨水径流资源潜力

"流域雨水径流资源利用"是指在保证防洪和生态安全的前提下，综合利用工程措施、技术和管理手段，对雨水和洪水实施拦蓄、滞留和调节，将雨水和洪水适时适度地转化为可供利用的水资源，用于流域经济、社会、生态和环境的用水需求。

7.1.1 雨水资源化潜力

一般情况下，降水资源化有两种途径：一种是降水的自然资源化过程，其含义是降水通过入渗进入土壤，增加土壤水库储水量，直接供给植物生长；一种是降水的人为资源化过程，主要含义是经过人为干预，使降水变为降水资源，促进农业生产或解决人畜饮水，如各种增加降水入渗的水土保持措施、降水集流系统等（张宝庆，2014），如图7.1所示。

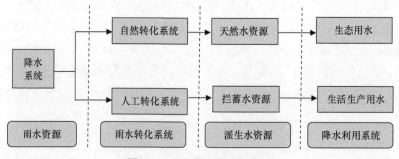

图 7.1 雨水资源化过程框图

小流域雨水资源化就是在降水、降水资源和降水资源化的内涵中赋予一定的空间属性。对小流域降水资源化潜力的讨论可分为3个层次：一是理论潜力，二是可实现潜力，三是现实潜力。

1. 降水资源化理论潜力

由于大气降水是陆地上各种形态水资源总的补给来源，它是一个流域或封闭地区当地水资源量的最大值。因此，小流域降水资源化理论潜力应为该流域的降水总量（张宝

庆，2014；牛文全等，2005），其计算方法为

$$R_t=P×A×10^3 \tag{7.1}$$

式中，R_t 为小流域降水资源化理论潜力，m^3；P 为流域降水量，mm；A 为小流域的面积，km^2。

2. 降水资源化可实现潜力

依据降水资源可实现潜力的定义，构建如下表达式：

$$R_a=\lambda_R×P×A×10^3 \tag{7.2}$$

$$R_a=P-（1-\lambda_{1R}）×R-（1-\lambda_{2R}）×EO \tag{7.3}$$

式中，R_a 为降水资源化可实现潜力，m^3；λ_R 为可以实现的最大降雨调控系数，$\lambda_R×P$ 是指可以调控的降水资源量；R 为地表径流量；EO 为蒸发量；λ_{1R} 为地表径流最大调控系数，（$1-\lambda_{1R}$）×R 是指难以调控的最小地表径流量；λ_{2R} 为蒸发最大调控系数，（$1-\lambda_{2R}$）×EO 是指难以调控的最小蒸发损失量；λ_R、λ_{1R}、λ_{2R} 与流域内技术、经济水平有关。

3. 降水资源化现实潜力

降水资源化现实潜力是指当前利用方式和技术下已经实现的降水资源利用量。现实潜力 R_r 与可实现潜力 R_a 的计算公式形式基本一致。

$$R_r=\lambda_r×P×A×10^3 \tag{7.4}$$

$$R_r=P-（1-\lambda_{1r}）×R-（1-\lambda_{2r}）×EO \tag{7.5}$$

式中，R_r 为降水资源化现实潜力，m^3；λ_r 为当前流域降雨调控能力的现实水平，$\lambda_r×P$ 是指可以调控的降水资源量；λ_{1r} 为径流调控系数，（$1-\lambda_{1r}$）×R 是指难以调控的地表径流量；λ_{2r} 为蒸发调控系数，（$1-\lambda_{2r}$）×EO 是指难以调控的蒸发损失量；λ_r、λ_{1r}、λ_{2r} 与流域内技术、经济水平有关。

7.1.2　小流域雨水径流资源利用潜力评估

以宁都县还安小流域为例，研究红壤小流域雨洪资源利用潜力的评估方法。还安小流域的降雨特征在我国南方红壤区具有代表性，降雨多集中在春季和夏季，又以春季降雨天数最多，夏季受季风气候影响多暴雨，如图 7.2 所示。

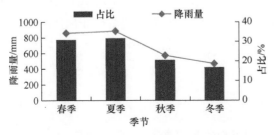

图 7.2　宁都县还安小流域降雨量季节分布

雨水资源化潜力的估算，需要根据生态用地的面积进行计算，宁都县还安小流域主要的生态用地为耕地、林地和园地，其中耕地 331.4hm²、林地 1469.9hm²、果园 311.4 hm²，流域总面积 27.61km²。

1. 降水资源化理论潜力（R_t）

用年降水量乘其相应的各种生态用地面积，然后相加计算，即可得到小流域的生态用地降水资源化理论潜力。经计算，还安小流域降水资源化理论潜力为 5876 万 m³。

2. 降水资源化可实现潜力（R_a）

在最佳的经济技术条件下，减少耕地径流及农田蒸发的非目标性水分输出，即减少了耕地无效耗水，耕地的自然降水可实现利用率约为 75%，天然林地和园地的自然降水利用率约 86%。小流域的生态用地降水资源化可实现潜力为耕地、林地、园地降水资源化可实现潜力的总和。经计算，还安小流域降水资源化可实现潜力为 4952 万 m³。

3. 降水资源化现实潜力（R_r）

在目前的技术水平下，南方农业区雨水利用率约为 65%；林草区雨水利用率约为 62%；水平梯田果园的雨水利用率约为 75%。小流域耕地、林地、园地、牧草地降水资源化现实潜力相加，即为小流域生态用地降水资源化现实潜力。经计算，还安小流域降水资源化现实潜力为 3783 万 m³。

受区域降水量、降水变率等的影响，生态用地降水资源化潜力相应变化，并非一个定值。另外，降水资源化潜力也受各种生态用地植被覆盖率季节变化影响。根据计算结果，宁都县还安小流域雨洪资源的现实潜力占理论潜力的 64%，占可实现潜力的 76%，表明其需要采取进一步的措施以利用雨洪资源，所以红壤坡地雨水径流资源水土保持调控技术在小流域的应用十分必要。

7.2 流域雨水径流资源集蓄工程优化配置

雨水集蓄工程作为针对丘陵山区水资源紧张问题的有效措施，在适宜的位置修建集水和蓄水工程，可有效增加地表水资源量和补给地下水。因此，确定适宜实施雨水集蓄工程的位置尤为重要。研究将借助 GIS 强大的数据综合分析和处理功能，同时采用分布式水文模型分析流域雨洪资源潜力状况，为确定适宜实施雨水集蓄工程的位置提供有效的调查和分析手段。

7.2.1 流域径流资源计算

雨洪集蓄工程位置和类型的布置首先需要考虑雨洪资源潜力的分布。目前，分布式水文模型被广泛应用于径流估算，由于能够综合反映流域内降雨和下垫面要素空间变化对径流的影响而被广泛采用，其中 SWAT（soil and water assessment tool）模型由于具有很好的适宜性被广泛应用于流域径流估算。SWAT 模型是美国农业部（USDA）农业研究局（ARS）开发的基于流域尺度的一个长时段的分布式流域水文模型。SWAT 模型在进行模拟时，首先根据 DEM 把流域划分为一定数目的子流域，子流域划分的大小可以根据形成河流所需要的最小集水区面积来调整，还可以通过增减子流域出口数量进行进一步调整。然后在每一个子流域内再划分水文响应单元（hydrological response units，HRU）。HRU 一般由土地利用类型、土壤类型和坡度等条件定义和划分，同一 HRU 内部被视为具有相同的属性特征和水文过程响应。HRU 是模型模拟的基本单元，每一个水文响应单元内的水平衡是基于降水、地表径流、蒸散发、壤中流、渗透、地下水回流和河道运移损失来计算的。本书以 HRU 为单元分析流域雨洪资源潜力及其空间分布。

以樟斗小流域为研究对象，樟斗小流域地处章水上游大余县樟斗镇下横村，集水面积 44.6km²，流域出口为国家基本水文站樟斗水文站。小流域两岸为山地和梯田，植被较好，属典型的丘陵地区。

采用 TM 遥感影像解译得到流域土地利用图（图 7.3）。同时采用南京土壤所发布的土壤图和收集的流域内雨量站降雨和流域出口水文站流量数据，可建立并验证 SWAT 模型研究的适宜性。

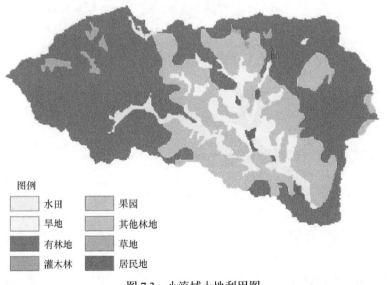

图例

☐ 水田　　☐ 果园
☐ 旱地　　☐ 其他林地
☐ 有林地　☐ 草地
☐ 灌木林　☐ 居民地

图 7.3　小流域土地利用图

模型模拟结果表明，经率定后的 SWAT 模型可较好地模拟研究区的径流状况。由图 7.4 可知，实测值与模拟值（1984～2014 年）间的决定系数 R^2 可达 0.845，纳什系数 NSE 可达 0.814，模型径流模拟具有较高的精度，可用来分析小流域径流长期分布状况。

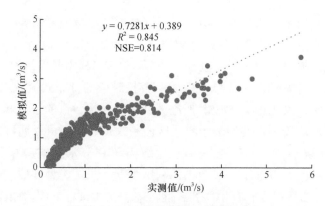

图 7.4　SWAT 模型模拟与实测值对比

采用建立的模型，可模拟得到小流域各 HRU 的降雨产流径流量，由此可得出小流域径流资源潜力空间分布图，如图 7.5 所示。

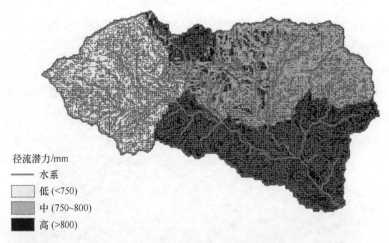

径流潜力/mm

—— 水系

低 (<750)

中 (750~800)

高 (>800)

图 7.5　研究区径流潜力空间分布状况图

7.2.2　雨水集蓄利用工程布置约束及构建

根据《雨水集蓄利用工程技术规范》（GB/T 50596—2010）的指导原则，确定适宜研究区的工程类型，如蓄水山塘、蓄水池、谷坊，并构建了位置选择的约束集（表 7.1）。

通常约束集的建立需要考虑坡度、土壤及土地利用方式、径流潜力空间分布、集水路径及需水目标（如农耕地灌溉、居民区人畜饮水）距雨水集蓄利用工程的经济距离。对雨水集蓄利用工程距需水目标的经济距离作如下约束：①集蓄水山塘，位于地势低洼处，蓄水量大，主要用于农田提水灌溉，距农用地距离宜小于 1000 m；②蓄水池，距农耕地、经济果木林地灌溉距离宜小于 500 m。

表 7.1　雨水集蓄利用工程位置选择约束集

工程类型	约束集				
	坡度/(°)	径流潜力	集水路径等级	集水面积/hm²	位置要求
蓄水池	<3	中	1 级/2 级/3 级	2~10	距灌溉地小于 500m
蓄水山塘	<5	高	3 级/4 级/5 级	26~40	距灌溉地小于 1000m
谷坊	<10	高	3 级/4 级/5 级	>25	沟口狭窄，上游宽阔

集水路径是确定雨水集蓄利用工程位置的必要参数，雨水集流节点是流域中不同等级集水路径的交汇点，而不同等级的交汇点能够反映集水面积和集流累积量的变化。在 ArcGIS10.3 软件平台下，对 DEM 数据进行填注（fill）、流向（flow direction）及水流累积量（flow accumulation）分析处理后，提取集水路径，并按 Strahler 河流分级法进行分级（图 7.6）。

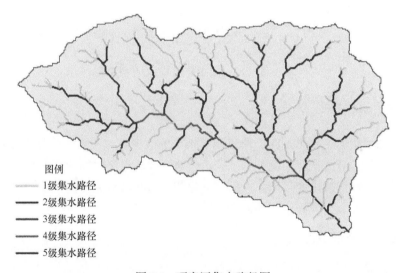

图例
………… 1 级集水路径
———— 2 级集水路径
———— 3 级集水路径
———— 4 级集水路径
———— 5 级集水路径

图 7.6　研究区集水路径图

7.2.3　流域雨水集蓄利用工程布置方案

在 ArcGIS10.3 软件平台下，得到不同雨水集蓄利用工程的位置及其空间分布，数据处理流程如下：①运用求交（intersect）法对土地利用、土壤、坡度及径流潜力数据进行综合分析，根据约束集，对属性数据进行空间查询（spatial queries），结合集水路径分级数据，确定研究区潜在的雨水集蓄利用区域；②提取土地利用数据中的园地数据，以 200 m、500 m、1000 m 为范围建立缓冲区（buffer），用来判定位于缓冲区范围内的雨水集蓄利用工程位置（图 7.7）。

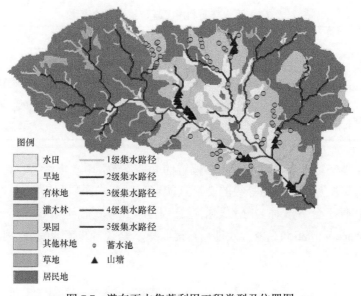

图例

▢ 水田	—— 1级集水路径		
▢ 旱地	—— 2级集水路径		
▢ 有林地	—— 3级集水路径		
▢ 灌木林	—— 4级集水路径		
▢ 果园	—— 5级集水路径		
▢ 其他林地	◦ 蓄水池		
▢ 草地	▲ 山塘		
▢ 居民地			

图 7.7 潜在雨水集蓄利用工程类型及位置图

7.3　水土保持调控技术模式

7.3.1　雨水资源化方式

雨水资源利用的主要思想在于通过地表地形的改变、入渗能力的改变等方式，来改变降水在地表上的分配变化及汇集方式，延长地表径流汇集时间或改变径流路径使其局部汇集，达到雨水资源化的目的。根据这一思想，可将其分为 3 种主要方式，即降水就地利用、降水叠加利用和降水异地利用。

1. 降水就地利用方式

这种方式是指通过地表微地形的改变，如夷平、垄起等来增加地表土壤入渗能力，或者聚集降水就地利用的一种方式。水土保持措施中的梯田、鱼鳞坑、水平沟、水平阶等就是这种方式的具体应用范例。该方式在水土流失较为严重的山区、丘陵区的坡地果园和坡耕地上应用非常广泛，且效益十分显著。

2. 降水叠加利用方式

这种方式是降水就地利用的深入与发展，是指在微地形改变降水就地利用的基础上，将临近地表降水汇集叠加利用的方式。如隔坡梯田，梯田田面可就地集蓄降水供作物利用，梯田上部的降水又汇集到田面之上，还可供作物利用。其优点为可加大梯田供水量，同时又可减轻劳动强度，当然这种方式也有一定的特殊要求，一般坡面上常常种植草被，减小径流强度及含沙量，增加坡面稳定性。该方式适用范围广，在山区、丘陵区，甚至干旱半干旱地区的川地上亦可应用。

3. 降水异地利用方式

这种方式是指通过修建或利用已有集流地，将集流场的降水集蓄在修建的蓄水设施中供异地利用的一种方式。一般由三部分组成，集流场、蓄水设施及利用设施，或者说由集流系统、蓄水系统及利用系统三部分构成。这种方式主要是利用集流场，将其产生的地表径流收集、存储，供异地利用，或者是根据坡面耕地，如梯田、川地等的供水需求，在坡面人工新修集流场、集水设施，汇集、存储雨水，供异地利用。集流场的大小根据当地降雨、土壤等状况来确定。

7.3.2 红壤丘陵小流域雨水径流资源水土保持调控技术模式

小流域的雨水径流资源水土保持调控技术模式根据红壤区降雨节律、小流域的地形、主要种植作物特点，分为山顶戴帽区、山腰果园区、山脚耕地区和山下沟道区等，分区布设技术措施。山顶戴帽区以径流调节林技术为主，山腰果园区以坡地果园径流调控利用技术为主，山脚耕地区以坡耕地雨水径流调控利用技术为主，山下沟道区以坝系工程技术为主，因地制宜集成相应林地、果园、坡耕地的雨水径流调控与利用技术体系，形成如下红壤丘陵区小流域雨水径流资源水土保持调控技术模式（图 7.8）。

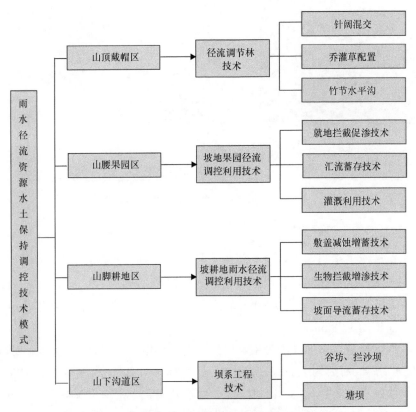

图 7.8 小流域雨水径流资源水土保持调控技术模式

7.4 红壤丘陵区小流域雨水径流资源水土保持调控技术模式应用与评价

7.4.1 典型小流域应用与效益评价

1. 典型小流域概况

本项目在宁都县还安小流域和凹背小流域设立了卡口站进行监测研究（图7.9），在宁都县还安小流域、赣县区枧田小流域、南康区青塘小流域、都昌县大沙镇坡耕地项目区建立了示范区进行红壤坡地雨水径流资源水土保持调控技术的应用示范。

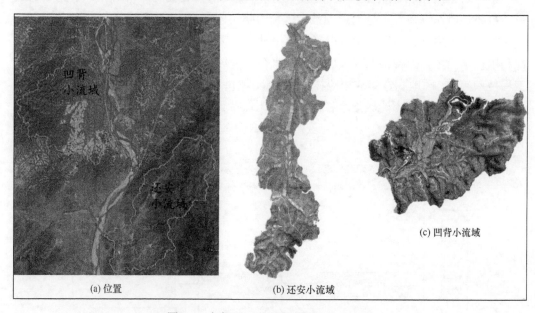

(a) 位置   (b) 还安小流域   (c) 凹背小流域

图 7.9 宁都县还安小流域和凹背小流域

1）宁都县还安小流域概况

还安小流域位于鄱阳湖水系五大河流之一赣江的一级支流梅江流域中、下游，主要受梅江流域一级支流梅江河控制和影响，地理位置为 26°35′15″~26°40′02″N、116°1′14″~116°4′06″E。流域土地总面积为 27.61km²，隶属宁都县石上镇。项目在还安小流域设立卡口站的控制面积为 1.08km²。

小流域地貌类型以山地丘陵为主，局部为河谷平地，流域海拔为 192~296m，最高海拔为 296m，最低海拔为 192m，地面坡度一般为 15°~25°。地处亚热带湿润季风气候区，具有气候温和、光照充足、雨量充沛、四季分明、无霜期长等特点。多年平均气温为 18.3℃，极端最高气温为 38.6℃，极端最低气温为–6.3℃，多年平均蒸发量为

1557.8mm，无霜期为 279 天；多年平均降水量为 1704mm，多以暴雨形式出现，10 年一遇 24 小时最大降雨量为 214.3 mm；年日照时数为 1938.6h，太阳总辐射量为 112.2kcal/cm²，≥10℃的积温为 5607.9℃。由于小流域雨量充沛，区域内溪流纵横，地形地貌有利于汇集水源，地表水资源较为丰富。小流域成土母质为红壤，以花岗岩类风化物为主，间有部分红砂岩、紫色页岩。

2012 年，还安小流域土地总面积 2761.0hm²，其中耕地 331.4hm²，占土地总面积的 12.0%；林地 1469.9hm²，占土地总面积的 53.2%；果园 311.4 hm²，占土地总面积的 11.3%；荒地 236.3 hm²，占土地总面积的 8.6%；其他用地 410hm²，占土地总面积的 14.8%。小流域土地利用结构现状存在以下问题：①小流域未利用地面积占土地总面积的 8.6%，尚有 236.3 hm² 的荒山荒地可供整治利用，土地后备资源潜力大；②低产林所占比例较大，土地生产经营水平低，产品商品率低，未能发挥低丘岗地发展经济林木和果品生产的优势；③疏林地、幼林地面积比例大，占林地总面积的 46.2%，种群结构单一，抵御自然灾害的能力弱，尤其是有些疏林地植被稀疏，水土流失比较严重。

按照《土壤侵蚀分类分级标准》（SL190—2007）全国土壤侵蚀类型区划，小流域地处南方红壤丘陵区，土壤侵蚀类型以水力侵蚀为主。经野外实地踏勘调查，2012 年，流域内水土流失面积为 1741.53hm²，侵蚀模数达 4637t/(km²·a)。2014 年，还安小流域开始实施国家水土保持重点建设工程，实施营造水土保持林，种植经果林，封禁治理，建塘坝、蓄水池（15 口）、沉沙池、筑谷坊，修排灌沟、生产道路等工程。

2）宁都县凹背小流域概况

宁都县凹背小流域位于宁都县的石上镇境内、还安小流域附近，地理位置为 26°34′36″～26°38′33″N，116°2′52″～116°6′32″E，流域总面积为 28.71km²。地形、气候、土壤条件与还安小流域相似。项目在凹背小流域设立卡口站的控制面积为 1.25km²。

2012 年，小流域土地总面积 2871hm²，其中耕地 812.2hm²，占土地总面积的 28.3%；果园 8.91 hm²，占土地总面积的 0.3%；林地 1504.02hm²，占土地总面积的 52.4%；水域 59.82hm²，占土地总面积的 2.1%；未利用地 344.1hm²，占土地总面积的 12%；其他用地 141.95hm²，占土地总面积的 4.9%。小流域内水土流失总面积 1263.27hm²，年土壤侵蚀模数为 3844t/(km²·a)。

2. 小流域综合措施的蓄水保土效益

1）蓄水效益

宁都县还安小流域和凹背小流域卡口站集水区的径流模数如图 7.10 所示。还安小流域从 2013 年开始实施了小流域综合治理，凹背小流域至目前仍未实施水土保持工程。

如图 7.10 所示，由还安小流域集水区每月的径流量计算可以得出，2015 年 6 月至 2016 年 5 月这一年期间还安小流域集水区的总径流量为 151.48 万 m³，径流系数为 0.50。而在国家水土保持重点建设工程实施前，根据多年平均降雨量和多年平均径流量计算，得出其径流系数为 0.61，假设维持小流域综合治理之前的状况，推算得出 2015 年 6 月至 2016 年 5 月这一年还安小流域集水区的径流量为 180.53 万 m³。从而可以计算出，经过小流域的水土保持综合治理，小流域的蓄水率可提高 16%。

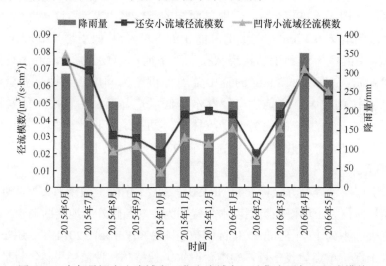

图 7.10　宁都县还安小流域和凹背小流域卡口站集水区每月径流模数

对比分析还安小流域和凹背小流域的月径流模数，从图中可以看出，除 4 月、5 月、6 月外，凹背小流域的径流模数均比还安小流域要小。这可能与土地利用和工程建设有关，凹背小流域果园和荒地面积较小，林地面积大，而还安小流域果园、疏林地面积较大，因此凹背小流域的截流效果更好。另外，由于还安小流域在 2014 年才开始实施重点治理工程，这两年仅属于工程实施初期，和凹背小流域没有实施工程建设相比，还安小流域的工程建设扰动了土地，反而蓄水效应不如未实施工程的小流域。而在 4～6 月，还安小流域的月径流模数比凹背小流域更小，可能是因为蓄水池、塘坝等蓄水工程措施在汛期发挥了作用。

2）保土效益

经计算，如图 7.11 所示，2015 年 6 月至 2016 年 5 月，还安小流域的土壤侵蚀模数为 3483t/（km²·a），与工程实施前的 4637t/（km²·a）相比，小流域经综合措施实施后，侵蚀量减少了 25%。与还安小流域相比，未实施工程的凹背小流域土壤侵蚀模数为 3135t/（km²·a），凹背小流域比还安小流域侵蚀量更小，说明小流域综合治理工程实施初期，植物措施、工程措施等的施工存在人为扰动，可能在某时段产生的水土流失更严重，而综合措施发挥明显的效益需要更长的时间。

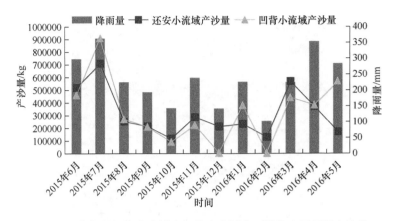

图 7.11　宁都县还安小流域和凹背小流域卡口站集水区每月产沙量

3. 小流域雨水径流集蓄设施的蓄水效应

在还安小流域根据当地的降雨、地形、土壤、植被和土地利用特点，充分利用和发挥成熟的水土保持技术功能，构建完整的坡面集雨蓄水工程技术体系。坡面集雨蓄水工程分为集雨系统、引流系统、蓄水系统和灌排系统。集雨系统采用的技术包括用作集雨面的乔灌草植物优化配置和前埂后沟梯壁植草水平台地；引流系统包括引水沟、U 形槽、草沟和草路等技术；蓄水系统包括蓄水池、沉沙池和山塘；灌溉系统主要是滴灌等。根据各坡面雨水集蓄工程的集雨面地形及径流汇集方式、灌溉区在地形中的分布及其与集雨面的距离确定引蓄水系统的布设。

在还安小流域选取试验区，观测了 9 个蓄水池不同时期的蓄水情况，具体情况如表7.2、图 7.12 所示。

表 7.2　还安小流域试验区蓄水池情况　（单位：m）

蓄水池编号	蓄水池位置	蓄水池规格（长×宽×高）	蓄水池编号	蓄水池位置	蓄水池规格（长×宽×高）
1	坡顶	2.4×1.7×1.0	6	坡中	2.5×2.2×1.0
2	坡顶	2.2×2.0×1.0	7	坡中	2.0×1.5×1.25
3	坡顶	8.0×5.5×3.0	8	坡中	2.5×2.0×1.0
4	坡中	2.0×2.0×1.5	9	坡中	1.9×1.7×1.4
5	坡脚	2.0×1.65×1.7			

还安小流域降水资源较为丰富，但年内分布不均，4～6 月水量充足，8～11 月会出现伏旱、秋旱现象。因小流域采取了水土保持综合治理措施，增加了土壤田间持水量，故在雨季不需要灌溉，也能满足作物脐橙生长的需求。此时蓄水池的蓄水主要作为人工喷洒农药用水。为防治脐橙病虫害，1～10 月，每月需打药 1～2 次，当地配药采用容积为 200L 的打药桶，配药所需用水均从蓄水池中取，按每 1000 株树取水 1000kg 的比例配制，蓄水池蓄水均能满足配农药所需水的要求，蓄水池位置如图 7.12 所示。在旱季，

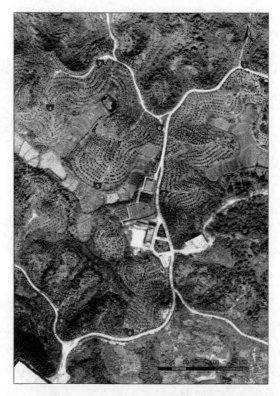

图 7.12　还安小流域蓄水池位置示意图

蓄水池蓄水一方面用来喷洒农药；另一方面在连续干旱期用来灌溉，水量不够时，采取提灌的方式从山塘抽水到山顶大蓄水池，再进行自流滴灌。

采取红壤坡地雨水径流资源水土保持调控技术的雨水就地利用模式和雨水异地利用模式后，还安小流域的水资源得到有效利用，完全能够满足作用的用水需求。每次降雨后蓄水池的最大供水量可达 1.19~47.38L/m²（表 7.3）。

表 7.3　每次降雨各蓄水池最大蓄水量

编号	可蓄水量/m³	控制面积/m²	单位面积供水量/（L/m²）
1	4.00	835.11	4.79
2	4.14	1255.17	3.30
3	123.20	2600.01	47.38
4	5.24	1203.53	4.35
5	5.35	1200.12	4.45
6	5.01	568.55	8.80
7	3.69	2966.01	1.24
8	3.65	3072.63	1.19
9	4.23	929.69	4.55

7.4.2 技术推广应用

1. 江西省宁都县还安小流域

还安小流域原有水土流失面积 17.4km²，土壤主要为红砂岩母质发育的红壤，为红砂岩水土流失山地集中连片区域，在南方红壤丘陵区具有典型性。经过连续两年开展的雨洪资源利用技术应用和小流域水土保持综合治理，累计完成治理水土流失面积 14.64km²，其中：营造水土保持林 3.42km²，开发经济果木林 2.93km²，实施封禁管护 8.30km²，修建各类小型水保工程 101 处，已产生可观的生态、经济、社会效益，小流域应用情况如图 7.13 所示。

(a) 蓄水池和沉沙池

(b) 经果林开发

(c) 现场考察

(d) 雨洪资源利用情况调研

(e) 坡面水系工程

(f) 雨水集蓄设施

图 7.13   雨水径流资源水土保持调控技术在宁都县还安小流域的应用

1）生态效益

工程实施两年后，可保水 16%，保土 25%。水土流失综合治理度达 76%。

2）经济效益

通过应用雨水径流资源水土保持调控技术，以开发和经营经济果木林为主体，积极扶持其他相关现代农业产业的发展，逐步形成产供销一体化的现代农业产业群，丰富了水保治理的内容，提高了水保产业的抗风险能力，增强了水保产业的发展后劲。

结合宁都县水土保持生态科技园建设，在发展脐橙产业的基础上，还将种植其他优质水果、培育苗木花卉，建成四季果园，发展以果园采摘为主的休闲观光农业，可吸引游客前来观赏、摄影、采摘和学习，并将水土保持知识和水生态文明理念融入相关的活动中，发展休闲观光农业，促进小流域治理的转型升级。

3）社会效益

在小流域开展现代农业科技示范园和水土保持科技示范园建设，进行水土保持课题试验、水土保持技术推广和小流域治理效益监测等多方面科研、推广和应用项目，全面提升了小流域治理的科技含量。

2. 江西省赣县区枧田小流域

枧田小流域位于贡水一级支流平江下游，涉及赣县区北部的吉埠、南塘、田村等 3 个镇，地理位置为 115°07′～115°11′E，26°00′～26°07′N。土地总面积 45.47km²，总人口 14210 人。小流域地处赣南山地丘陵区，治理前有水土流失面积 1854.2hm²，占土地总面积的 40.7%。

2014～2016 年，在枧田小流域综合治理工程中应用了雨水径流资源水土保持调控技术，累计治理水土流失面积 1736.4hm²，综合治理程度达 93.6%，各项水保工程质量均达到国家一级标准。小型水利水保工程都进行了坝系规划，各项工程的位置布设合理；按照规定的暴雨频率，进行了塘坝设计，工程施工的规格尺寸符合设计要求，蓄洪量和排洪量能保证塘坝安全；土坝坝体均匀压实，无裂隙，与坝体内泄水洞和坝肩两端山坡结合紧密；溢洪道、泄水洞等石方建筑物，料石和块石的规格、质量符合标准，胶合材料性能良好，砌石牢固整齐；经洪水考验后，各项工程基本完好，局部小的损毁都进行了修复。经综合治理，流域内水土流失基本得到控制，生态环境明显好转，并已产生了可观的生态、经济和社会效益，小流域应用情况如图 7.14 所示。

1）蓄水保土效益

据测算，在项目区内，每年可增加蓄水量 524.3 万 m³，蓄水效率为 16.3%；同时，通过治理后流域泥沙流失量可由之前的 9.3 万 t 下降到后来的 3.93 万 t，保土效率 70.7%。

(a) 坡面水系工程　　　　　　　　(b) 雨水集蓄设施

(c) 坡面水系工程　　　　　　　　(d) 种植开发

(e) 山塘　　　　　　　　　(f) 枧田小流域全貌

图 7.14　雨水径流资源水土保持调控技术在赣县区枧田小流域的应用

2）生态效益

水土流失面积大大减少，流失面积由治理前的 1854.2hm² 下降到治理后的 1123.5hm²，而且流失程度大大减轻，水土流失强烈等级的面积较治理前减少 80%。植被覆盖率由治理前的 62.4%提高到治理后的 75.8%；流域植物多样性增加，林相单一的状况得到改善，初步形成乔、灌、草多层次结构的植被群落，林草面积占宜林宜草面积的 83.5%，经济林草面积占宜林宜草面积的 20.5%。

3）社会效益

通过加强基层组织建设和农民培训，先后举办农民教员和水保技术培训各 5 期，培训农民 400 多人次，引进农作物、经济果木等优良品种 20 个，推广种植面积 205hm²。

同时，雨水径流资源水土保持调控技术的应用不仅从根本上改变了农民的生产生活条件，控制了水土流失，而且使广大干部群众的思想观念和精神面貌发生了深刻的变化。随着项目区人居环境的改善，生活水平的提高，带来了村风村容的变化，水土保持重点建设工程已成为项目区干部群众心中的"民心工程""德政工程"。

4）经济效益

经济作物及山地开发的产业效益增加，农业总产值由治理前的 2450 万元增加到3122 万元，土地利用率达到 83.6%，产出率增长 62.3%，商品率达到 63.5%。流域内农民人均纯收入可由 2013 年的 3968 元增加到 2015 年的 5356 元，增长了 35%，加快群众生活步入小康步伐。

3. 江西省南康区青塘小流域

青塘小流域应用雨水径流资源水土保持调控技术综合治理水土流失面积 938hm²，经过三年的综合治理，治理度达 74.2%，减沙效率达 71.13%，土地利用率达 86.7%，小流域应用情况如图 7.15 所示。

1）蓄水保土效益

蓄水效益：通过营造水保林、种草、开挖水平沟、修筑谷坊、沉沙池、蓄水池等水保措施并投入正常运行后，区内的水土流失得到初步控制，各项水保措施通过拦蓄、截流，有效控制地表径流，将地表水转为地下水，每年可增加蓄水 397.02 万 m³，增加有效灌溉面积 0.62 万亩。

保土效益：各项水保措施通过拦蓄、截流，保土减沙作用明显，减少或避免了土壤流失和冲刷，土壤结构得到改善，加速土壤熟化过程，减少了土壤养分的流失，土壤肥力明显提高，土壤的抗蚀性和抗冲能力大大增强，据测算，每年可保土 2.71 万 t。

2）生态效益

植被覆盖率由治理前的 58.3%提高到治理后的 71.2%，生态环境得到了明显改善。减少了江、河、库、塘、渠的泥沙淤积，增加了河道的行洪和塘、库的蓄洪能力，降低了干旱与洪涝灾害的发生频率。

3）经济效益

小流域增加经济收入 2565 万元，受益人口 9630 人，脱贫人数达 398 人，解决农村饮水问题 61 人，人均纯收入由治理前的 3545 元增加到 5636 元，比当地的平均水平提高 36%。

在应用项目的雨水径流资源水土保持调控技术的小流域南康甜柚示范基地，种植密度为 40～50 株/亩，产量在 2000～3600kg/亩，单个柚的重量 1～3kg，市场单价 1.5～2.5 元/kg，按此计算，200 亩示范区的经济效益达 60 万～180 万元。

4）社会效益

生产条件得到明显改善。通过综合治理后，土壤侵蚀量明显减少，蓄水保土能力明显增加，基本农田得到有效保护，水土资源得到可持续利用，流域内每年可增加有效灌溉面积 0.62 万亩，大大提高了土地的利用率、产出率和商品率。

建立了以"南康甜柚"为主导产业的特色经济果木林基地。该流域在治理水土流失中与山地利用相结合，由治理促开发，在开发中谋取发展，选择适宜该流域栽种、经济效益高的"南康甜柚"作为发展该小流域经济的特色产业，涌现出治理开发水保专业户 16 户，连片开发，规模种植"南康甜柚"205.1hm^2，并建立了"猪、沼、果、鱼"立体开发模式，小流域经济得到壮大，农民收入大幅度提高，为群众的脱贫致富打下扎实基础，小流域内的青塘村被评为南康区建设社会主义新农村示范村。

(a) 南康区青塘小流域

(b) 甜柚基地

(c) 示范基地宣传牌

(d) 蓄水池布设

(e) 经济果木销售

(f) 精准帮扶示范

(g) 经果林滴灌   (h) 滴灌喷头位置

(i) 灌溉控制阀门   (j) 坡面水系工程

(k) 喷灌设施   (l) 南康甜柚

图 7.15 雨水径流资源水土保持调控技术在南康区青塘小流域的应用

4. 江西省都昌县坡耕地官山项目区

官山项目区应用雨水径流资源水土保持调控技术治理坡耕地面积 444.6hm²，项目区情况如图 7.16 所示，产生效益如下。

1）蓄水保土效益

蓄水保土效益计算方法和指标：按照《水土保持综合治理效益计算方法》（GB/T 15774—2008）进行估算，各种措施蓄水保土效益采用计算指标依据现有科研成果，在分析当地已治理坡耕地的成果资料和试验观测资料的基础上确定。蓄水保土效益计算参数如表 7.4 所示。

表 7.4　蓄水保土效益定额

编号	项目名称	单位	年保土定额/t	年蓄水定额/m³	效益计算起始年限
1	坡改梯	hm²	30	3000	1
2	蓄水池	座	—	20	1
3	沉沙池	口	1.5	1	1
4	截排水沟	km	—	10	1

通过本项目区实施，项目区 5°～8°的坡耕地基本得到治理，耕作面坡降低到 5°以下，大大改变了径流形成的条件，避免了大面积坡面汇流，有效拦蓄田面积水，减少了土壤的侵蚀。经测算，项目区各项水土保持措施全面发挥效益后，每年可蓄水 133.5 万 m³，保土 1.37 万 t（表 7.5）

表 7.5　蓄水保土效益表

项目名称	单位	数量	全面发挥效益时年保土效益/万 t	全面发挥效益时年蓄水效益/万 m³
坡改梯	hm²	444.6	1.33	133.38
蓄水池	座	30	—	0.06
沉沙池	口	264	0.04	0.03
截排水沟	km	43.99	—	0.04
合计	—	—	1.37	133.51

2）生态效益

（1）经过降雨拦截与增渗技术、坡面水系导流蓄渗技术推广与应用，减少了项目区的坡面水土流失，保护了水源水质，延长了水利工程的使用寿命，项目区有效治理坡耕地面积 444.6 hm²。技术应用在一定程度上减轻了下游农田水利工程的淹没和淤积，使水利设施更好地发挥效能。坡改梯的建设从源头上减少了河流面源污染，保持河流洁净。

（2）改良了土壤结构，提高土壤保肥能力，为农业稳产、高产提供了根本保证。有效提高土壤有机质含量，改善土壤理化性质，进一步提高土壤通气、透水、保肥能力，是耕地从"三跑田"变为"三保田"的基础。

（3）促进了项目区生态环境的良性循环。有效降低暴雨的径流流速，减轻对下层农田或河道的洪水压力，协调水资源时空分布，提高降水利用率，增强农田生态系统的抗灾减灾能力。通过修建蓄水池、截排水沟和生产田间道路，做到生产有路、集水有池、排灌有沟、水不乱流，在项目区形成"坡地梯田化、排灌设施化、种植多样化"农业生态景观。

(a) 坡改梯　　　　　　　　　　(b) U形槽

(c) 坡改梯油菜种植　　　　　　　(d) 项目区

图7.16　雨水径流资源水土保持调控技术在都昌县官山项目区的应用

3）经济效益

通过坡耕地雨洪资源调配与高效利用技术在官山项目区的推广与应用，推广区直接经济效益在坡改梯单位面积的增产量、增产值等根据典型坡耕地治理资料、典型农户调查资料，结合项目区当地国土、农垦、统计局等有关部门多年统计、调查的结果分析确定，产出物以及物价采用2014年第二季度价格水平，效益起始年为2014年（直接经济效益主要计算指标如表7.6所示）。

表7.6　经济效益主要计算指标

项目名称	年运行费	粮食、果品				效益计算起始年限
		品种	面积/亩	增产产量/(kg/亩)	单价/（元/kg）	
坡改梯	20 元/亩	花生	6669	50	7.1	1
		油菜	6669	30	1.1	1
小型水利水保工程	占投资3%	—	—	—	—	1

依据表7.7的计算结果，本项目各项水土保持措施全部完成，投入正常运行后年运行费22.50万元，各项水土保持措施全面发挥效益时年直接经济效益为324.78万元，每亩治理面积平均每年产生直接经济效益为487元。

表 7.7　水土保持措施正常运行后的年直接经济效益

项目名称	单位	面积/亩	单位面积运行费	年总运行费/（万/元）	单位面积产值/元	年总产值/（万/元）
坡改梯	亩	6669	20 元/亩	13.34	487	324.78
小形水利水保工程	—	—	占投资 3%	9.16	—	—
合计	—	—	—	22.50	—	324.78

4）社会效益

（1）通过技术的推广与应用，有效地改善了基础生产条件，提高了土地生产率，调整了土地利用结构，为项目区社会进步、农业可持续发展奠定了基础。修建的蓄水池、截水沟和排水沟等小型工程，既能节约水资源，又为抗旱保苗和发展当地主产种植业创造了条件。

（2）通过技术的推广与应用，促使农村产业结构调整，提高农村综合生产能力，减轻了项目区的自然灾害的影响和对下游的威胁，保障当地粮食产量；同时提高了劳动生产效率，为市场经济和第三产业发展提供了劳动力资源，有助于促进农民增收，加快群众脱贫致富。

参 考 文 献

蔡崇法, 丁树文, 张光远, 等. 1996. 三峡库区紫色土坡地养分状况及养分流失. 地理研究, 15(3): 77-84.

蔡玉林. 2006. 多源数据应用于鄱阳湖水环境研究. 北京: 中国科学院研究生院.

邓聚龙. 1987. 灰色系统基本方法. 武汉: 华中理工大学出版社.

高超, 朱继业, 朱建国, 等. 2005. 不同土地利用方式下的地表径流磷输出及其季节性分布特征. 环境科学学报, 25(11): 115-121.

韩建刚, 李占斌. 2011. 紫色土丘陵区不同土地利用类型小流域氮素流失规律初探. 水利学报, 42(2): 160-165.

胡庆芳, 尚松浩, 田俊武, 等. 2006. FAO56 计算水分胁迫系数的方法在田间水量平衡分析中的应用. 农业工程学报, 22(5): 40-43.

黄荣珍. 2002. 不同林地类型土壤水库特性的初步研究. 福州: 福建农林大学.

黄荣珍, 杨玉盛, 谢锦升, 等. 2005. 福建闽江上游不同林地类型土壤水库"库容"的特性. 中国水土保持科学, 3(2): 92-96.

黄荣珍, 朱丽琴, 王赫, 等. 2017. 红壤退化地森林恢复后土壤有机碳对土壤水库库容的影响. 生态学报, 37(1): 238-248.

靳孟贵, 张人权, 方连玉, 等. 1999. 土壤水资源评价的研究. 水利学报, (8): 31-35.

康绍忠. 1993. 土壤–植物–大气连续体水流阻力分布规律的研究. 生态学报, 13(2): 157-163.

梁向锋. 2008. 子午岭次生林区土壤物理特征对植被恢复的响应. 西安: 中国科学院研究生院.

梁音, 史学正, 史德明. 1998. 长江上游地区水土流失及"土壤水库容"分析 1998 洪水. 中国水土保持, (11): 32-34.

吕振豫, 刘姗姗, 秦天玲, 等. 2019. 土壤入渗研究进展及方向评述. 中国农村水利水电, (7): 1-5.

茆智, 李远华, 李会昌. 1995. 逐日作物需水量预测数学模型研究. 武汉水利电力大学学报, 28(3): 253-259.

孟春红, 夏军. 2004. "土壤水库"储水量的研究. 节水灌溉, (4): 8-10.

牛文全, 吴普特, 冯浩, 等. 2005. 区域雨水资源化潜力计算方法与利用规划评价. 中国水土保持科学, 3(3): 40-44.

任金来, 李云峰, 王玉喜, 等. 2019. 小流域水土资源优化配置线性规划数学模型的构建及求解——以陕南丹凤大南沟小流域为例. 地质学刊, 43(1): 122-128.

水利部, 中国科学院, 中国工程院. 2010. 中国水土流失防治与生态安全(南方红壤区卷). 北京: 科学出版社.

孙景生, 熊运章, 康绍忠. 1994. 农田蒸发蒸腾的研究方法与进展. 灌溉排水, 37(4): 36-38.

孙仕军, 丁跃元, 曹波, 等. 2002. 平原井灌区土壤水库调蓄能力分析. 自然资源学报, 17(1): 42-47.

王浩, 杨贵羽, 贾仰文, 等. 2006. 土壤水资源的内涵及评价指标体系. 水利学报, (4): 389-394.

王毛兰. 2007. 鄱阳湖流域氮磷时空分布及其地球化学模拟. 南昌: 南昌大学.

王全九, 来剑斌, 李毅. 2002. Green-Ampt 模型与 Philip 入渗模型的对比分析. 农业工程学报, 18(2):

13-16.

王晓燕, 陈洪松, 王克林, 等. 2007. 红壤坡地土壤水分时间序列分析. 应用生态学报, 18(2): 297-302.

姚贤良. 1996. 红壤水问题及其管理. 土壤学报, 33(1): 13-20.

袁东海, 王兆骞, 陈欣, 等. 2003. 红壤小流域不同利用方式氮磷流失特征研究. 生态学报, 23(1): 188-198.

岳永杰. 2003. 福建省主要森林水库特性与动态. 福州: 福建农林大学.

张宝庆. 2014. 黄土高原干旱时空变异及雨水资源化潜力研究. 杨凌: 西北农林科技大学.

张顺谦, 邓彪, 杨云洁. 2012. 四川旱地作物水分盈亏变化及其与气候变化的关系. 农业工程学报, 28(10): 105-111.

赵其国. 2002. 红壤物质循环及其调控. 北京: 科学出版社.

赵其国, 黄国勤, 马艳芹. 2013. 中国南方红壤生态系统面临的问题及对策. 生态学报, 33(24): 7615-7622.

赵世伟. 2012. 黄土高原子午岭植被恢复下土壤有机碳–结构–水分环境演变特征. 杨凌: 西北农林科技大学.

朱丽琴. 2015. 植被恢复对退化红壤有机碳与"土壤水库"库容的影响. 南昌: 南昌工程学院.

朱丽琴, 黄荣珍, 易志强, 等. 2016. 红壤侵蚀地不同植被恢复模式"土壤水库"特征研究. 南昌工程学院学报, 35(6): 29-34.

邹战强. 1998. 柑桔节水灌溉技术及其应用. 广东水利水电, (2): 27-30.

Diskin M H.1970.Definition and uses of the linear regression model. Water Resources Research,6(6): 1668-1673.

Fink D H, Frasier G W, Myers L E.1979.Water harvesting treatment evaluation at Granite Reef. Journal of the American Water Resources Association, 15(3): 861-873.

Fink D H, Frasier G W.1977.Evaluating weathering characteristics of water-harvesting catchments from rainfall‐runoff analyses. Soil Science Society of America Journal, 41(3): 618-622.

Hodnett M G, Silva L P D, Rocha H R D, et al. 1995. Seasonal soil water storage changes beneath central Amazonian rainforest and pasture. Journal of Hydrology, 170(1-4): 233-254.

Horn R, Smucker A. 2005. Structure formation and its consequences for gas and water transport in unsaturated arable and forest soils. Soil and Tillage Research, 82(1): 5-14.

McCarthy J F, Ilavsky J, Jastrow J D, et al. 2008. Protection of organic carbon in soil microaggregates via restructuring of aggregate porosity and filling of pores with accumulating organic matter. Geochimica et Cosmochimica Acta, 72(19): 4725-4744.

Singh P, Alagarswamy G, Hoogenboom G, et al. 1999. Soybean-chickpea rotation on vertic inceptisols II. long-term simulation of water balance and crop yields. Field Crops Research, 63(3): 225-236.

Six J, Paustian K, Elliott E T, et al. 2000. Soil structure and organic matter I. Distribution of aggregate-size classes and aggregate-associated carbon. Soil Science Society of America Journal, 64(2): 681-689.

Wang H, Vicente-Serrano S M, Tao F, et al. 2016. Monitoring winter wheat drought threat in Northern China using multiple climate-based drought indices and soil moisture during 2000~2013. Agricultural and Forest Meteorology, 228-229: 1-12.

Wang Y, Zhang B, Lin L, et al. 2011. Agroforestry system reduces subsurface lateral flow and nitrate loss in Jiangxi Province, China. Agriculture Ecosystems & Environment, 140(3): 441-453.